Bernhard Völker · Peter Kurze

Borgward Rennsportwagen

Einsatz und Technik

Verlag Peter Kurze · Bremen

Impressum

Freudenbergstraße 4
28213 Bremen
www.peterkurze.de
pk@peterkurze.de

Peter Kurze & Bernhard Völker
Borgward Rennsportwagen
Einsatz und Technik

Layout: KS-Buchdesign, Bremen
www.ks-buchdesign.de

Druck: MediaPrint Paderborn

ISBN 978-3-927485-17-4

Das Titelfoto stammt vom Werksfotografen Walter Richleske. Es zeigt den Fahrer Hans Herrmann auf Borgward RS und den Meister der Borgward-Fahrversuchsabteilung Adolf Koch beim Bergrennen in Ollon-Villars (Schweiz) im August 1958.

Das Foto auf dem Rücktitel nahm ebenfalls Walter Richleske auf. Der Elektron-Borgward steht an den Boxen des Nürburgrings (Großer Preis von Deutschland, August 1958)

Inhalt

Lieber Leser,

bisher gab es noch kein Buch über die Rennen, an denen Borgward mit seinen Rennsportwagen teilgenommen hatte. Der Experte Bernhard Völker aus Stuttgart beschreibt im ersten Teil dieses Buchs die Renn- und Rekordaktivitäten der Bremer.

2004 brachte der Borgward-Ingenieur Heinrich Völker (1923-2004) sein Buch „Silberpfeile aus Bremen" heraus. Er stellte die Technik der Fahrzeuge dar. Seit dieser Zeit meldeten sich bei mir viele Zeitzeugen, die weitere Details und Fotos zur Renngeschichte beitragen konnten. So war es möglich, im zweiten Teil dieses Buchs die technische Seite mit zahlreichen neuen Erkenntnissen zu beschreiben.

Dabei ergab sich eine Bewertung, die durch Aussagen von Fahrern und Technikern bestätigt wurde.

- Die Radaufhängungen mit der Doppel-Querlenker-Vorderachse und der De-Dion-Hinterachse mit Schräg- sowie Längslenkern entsprachen dem damaligen Stand im Rennfahrzeugbau.

- Der leicht herzustellende Flachbett-Rohrrahmen war nicht ausreichend stabil, was die Straßenlage erheblich beeinträchtigte. Zudem war der Rahmen viel zu schwer. Das führte zu schlechterer Beschleunigung und Höchstgeschwindigkeit.

- Die „Windschnittigkeit" der zweiten und dritten Fahrzeug-Generation (1953 bis 1958) war ungenügend. Aufgrund der geringen Geschwindigkeiten bei den Bergrennen kam das kaum zum Tragen. Anders sah das bei Wettbewerben auf Rundstrecken (Avus, Nürburgring ...) aus. Hätte man die physikalischen Gesetze der Aerodynamik strikter eingehalten, wäre das Ergebnis eine bessere Beschleunigung und eine höhere Endgeschwindigkeit gewesen. Selbst als eine Messung 1956 im 1:1-Windkanal den hohen Luftwiderstand offenbarte, änderte nichts. Erst beim letzten Rennen (Avus 1958) trat man mit aerodynamisch optimierten Fahrzeugen an.

Ein großer Wurf gelang 1956 Borgwards Motorenkonstrukteur Karl-Ludwig Brandt mit den Triebwerken. Der leistungsfähige Motor machte die genannten Nachteile aber nur zum Teil wett.

Peter Kurze

Vorwort

Ich erinnere mich immer noch gern an die zwei Jahre in der Rennmannschaft Borgward. Es war ein kleines Team, das mit begrenzten Mitteln Beachtliches erreichen konnte. Damals, 1957, haben sich viele über meinen Wechsel von Porsche zu den Bremern gewundert. Hatte ich doch meine Laufbahn 1952 auf einem privaten 356 begonnen und dann für das Werk über mehrere Jahre viele Erfolge erzielt. Aber die Bindungen hatten sich gelockert, und ich sah bei Borgward die bessere Perspektive.

Gerade weil diese Truppe so überschaubar war, ging man locker miteinander um, in einer familiären Atmosphäre, mit Scherzen und Lachen. Leider wurden die Männer der Versuchsabteilung, die für den Rennsport zuständig waren, von der Firmenleitung weit weniger unterstützt als die in Zuffenhausen – und das wirkte sich natürlich aus. Aber gerade deswegen ist bemerkenswert, was sie geleistet haben, denn in ihren besten Zeiten waren die Wagen aus Bremen ihren Konkurrenten fast ebenbürtig.

Daher freue ich mich, dass dies jetzt in einem Buch zusammenhängend geschildert und mit eindrucksvollen Bildern illustriert wird. So kann ein ganzer Abschnitt vergangener Renngeschichte wieder lebendig werden.

Ich wünsche dem Werk viele interessierte Leser.

Hans Herrmann

1950/51: Erste Schritte

Im August 1950 erregt eine Nachricht nicht nur in Automobil-Fachkreisen erhebliches Aufsehen. In Montlhéry bei Paris hat ein Fahrzeug mit der Bezeichnung „Borgward Hansa 1500 Typ Inka" zwölf internationale Rekorde der Klasse F (bis 1500 cm³ Hubraum) aufgestellt. In dem Betonoval mit Steilkurven, Rundenlänge 2,5 km, hat es über lange Distanzen – 1000 bis 5000 Meilen, 12 bis 48 Stunden – Geschwindigkeiten zwischen 144 und 172 km/h erzielt. Und das, während die Mehrheit der damals in Deutschland produzierten Autos Mühe hat, 110 km/h zu erreichen!

Borgward ist allen ein Begriff: Die Unternehmensgruppe in Bremen, die auch die Marken Goliath und Lloyd umfasst, hat die schlimmsten Kriegsschäden überwunden und stellt neben Pkw auch Lastkraftwagen und Omnibusse her.

Das Inka-Rekord-Team wird bei der Rückkehr aus Montlhéry begeistert begrüßt. Mit Blumen, v. l:. August Momberger, Adolf Brudes, Heinz Meier; 2. v. r. Karl Hans Schäufele.

Im Jahr 1949 wird der Typ Hansa 1500 auf dem Genfer Automobilsalon präsentiert, der durch seine neuartige Karosserie beeindruckt: das erste Fahrzeug in Deutschland in Ponton-Form, d. h. ohne abgesetzte Kotflügel über den Rädern. Aber „Inka"? Das hat doch wohl kaum etwas mit der faszinierenden Hochkultur in Südamerika zu tun, die im 16. Jahrhundert von den spanischen Konquistadoren vernichtet wurde? In der Tat nicht: Es ist die Abkürzung für „Ingenieur-Konstruktions-Arbeitsgemeinschaft". Eine Gruppe von Fachleuten der ehemaligen Auto Union hatte sich aus der Sowjetischen Besatzungszone in den Westen abgesetzt und in der Nähe von Oldenburg ein selbstständiges Büro für innovative Entwürfe gegründet. Einer der führenden Männer, August Momberger, fuhr 1934 neben Hans Stuck Rennen auf dem von Ferdinand Porsche konstruierten Grand-Prix-Wagen. Danach wurde er Leiter der Werksportabteilung des Auto Union-Unternehmens Wanderer. Er schlägt dem Firmenchef Carl

F. W. Borgward vor, die Leistungsfähigkeit seines neuen Modells durch eine spektakuläre Aktion unter Beweis zu stellen: Den Motor etwas hochkitzeln, dem Wagen eine leichte, strömungsgünstige Karosserie verpassen – und damit Rekorde fahren.

Der Chef zögert, stimmt dann aber zu. Allerdings unter der Bedingung, dass die Mannschaft die Fahrten unter eigenem Namen durchführt. Falls es schief geht, soll das Image der Bremer Firma nicht geschädigt werden. Die Ingenieure bearbeiten ein serienmäßiges Chassis des Hansa 1500, erhalten von Borgward einen Motor mit ca. 66 statt der serienmäßigen 48 PS und lassen eine geschwungene Aluminiumhaut herstellen. Der Grenzlandring in der Nähe von Aachen und der Hockenheimring erscheinen für Dauerrekorde nicht geeignet, und so entscheidet sich die Crew für die Piste in Frankreich.

Es wird ein voller Erfolg: Die vier Männer am Steuer – neben Momberger Adolf Brudes, Heinz Meier und Karl Hans Schäufele – halten ebenso durch wie der Wagen und werden bei ihrer Rückkehr begeistert gefeiert. In den Berichten steht natürlich der Name Borgward im Vordergrund, das „Inka" taucht nur nebenbei auf. Die sportlich-technische Leistung wird auch im Ausland anerkannt. Zum ersten Mal nach dem Krieg fährt ein deutsches Produkt Rekorde!

Carl F. W. Borgward zeigt sich ebenso erfreut wie großzügig: Nachträglich übernimmt er alle Kosten für den Rekordeinsatz. Danach wird der Wagen nicht mehr eingesetzt: Für Rennen wären die Fahreigenschaften nicht ausreichend.

Auf der ersten internationalen Automobilausstellung in Deutschland nach dem Krieg, im April 1951 in Frankfurt, wird dann offenkundig, dass der Firmenchef größere Pläne hat: Ein schnittiger Roadster mit dem großen Rhombus auf der Front wird als „Borgward Sport-Rennwagen" vorgestellt. Ein Journalist erklärt, dass sich die Lage in der bisher dürftig besetzten 1½-l-Sportwagenklasse radikal verändern wird, „wenn Carl F. W. Borgward seine Fabrikmannschaft in dieser Kategorie mit drei Wagen ins Gefecht führt."

Automobilausstellung Frankfurt 1951. 2. v. l. Carl F. W. Borgward.

1952: Erste Siege

Beim Eifelrennen am 25. Mai erscheint dann zwar nur einer der neuen Renner – er steht noch nicht einmal im Programm –, aber es ist trotzdem die Premiere der Bremer im Motorsport. Gegen wen oder was müssen sie da antreten? In der Nennliste finden sich die Marken BMW, Gordini, Lancia und Porsche, aber das sind alles Produkte von Privatinitiativen. Autohändler, Kraftfahrzeugmeister, Unternehmer und andere engagierte und halbwegs betuchte Männer haben aus verfügbaren Fahrzeugen und Motoren Renngeräte entwickelt oder entwickeln lassen. Unter ihnen etwa Helm Glöckler (Frankfurt) und Paul Pietsch (Neustadt/Schwarzwald). Auch die Veritas, die seit 1948 die deutsche Motorsportszene dominieren, basieren auf dem BMW-Sportwagen 328 der Vorkriegszeit und entstammen einem Unternehmen, das eher ein Handwerksbetrieb ist. Die einzigen Fahrzeuge mit einem firmenähnlichen Hintergrund kommen aus Berlin (Ost), aus dem Rennkollektiv

Eifelrennen 1952, die Premiere für den Borgward RS: #37 Hans Hugo Hartmann. Daneben, v. l.: #30 Paul Pietsch (Veritas), #34 Kurt Straubel (DAMW), #29 Helm Glöckler (Porsche), #24 Zdenko Graf von Schönborn (Gordini).

Beim zweiten Start auf dem Nürburgring 2. Platz für H.H. Hartmann, nur Sekunden hinter Paul Pietsch (Veritas).

54

Johannesthal, das zunächst unter der Obhut des DAMW[1] steht und ab Herbst 1952 den Eisenacher Motorenwerken (EMW) angegliedert ist. Ab Ende 1955 lautet die Bezeichnung AWE[2].

Den neuen Borgward steuert Hans Hugo Hartmann, 36 Jahre, aus Dortmund. Er gehört zu der Generation, deren Motorsportkarriere durch den Zweiten Weltkrieg abrupt unterbrochen wurde. 1937 als Nachwuchs- und Reservefahrer für Mercedes engagiert, wird er 1939 bei zwei Rennen auf dem Kompressor-Silberpfeil mit fast 500 PS eingesetzt und gelobt – doch dann ist alles zu Ende. Jetzt vertraut ihm Chef Borgward nicht nur das Cockpit, sondern auch die Leitung der Rennaktivitäten an. HHH, wie er allgemein genannt wird, unternimmt auf dem Nürburgring ausgiebige Testfahrten und kann auch

1 Deutsches Amt für Material- und Warenprüfung, Berlin-Johannesthal
2 EMW entstand aus dem BMW-Werk Eisenach, in dem die Münchner bis 1945 ihre Fahrzeuge produzierten. Ende 1955 Änderung des Namens in Automobilwerk Eisenach (AWE)

Hans Hugo Hartmann (1916-1991) Dortmund; Motorsport ab 1934; 1937 Nachwuchsfahrer bei Mercedes, zwei Rennen 1939; nach dem Krieg Fahrlehrer; 1951 zu Borgward: Rennleiter und aktive Einsätze; Carrera Mexiko 1953 wegen 7 Sek. Klassensieg verpasst; 1954 Unfall am Nürburgring; drei Autohäuser in Dortmund; 1958-66 einzelne Starts auf Tourenwagen, Isabella und Arabella, u. a. Rallye Monte Carlo.

Linke Seite: Vorbereitung auf den Großen Preis von Deutschland. Die Rennmonteure (v. l.) Rudi Kluge, Fritz Jüttner und Johann Osmers. Fahrer H. H. Hartmann Zweiter v. l.

Unten: Grenzlandring 1952, die Startflagge fällt. Nur 6 Teilnehmer: #31 Brudes, #30 Pietsch, #26 Straubel, #27 Rosenhammer, beide DAMW, #32 (verdeckt) Hartmann, #28 de Kando, B (Siata) – aber Sieg ist Sieg!

Sieger

die viertbeste Trainingszeit erzielen. Im Rennen macht dann ein defektes Zündkabel der zügigen Fahrt ein Ende. In der Presse reagiert man zurückhaltend: „Noch vermochte der neue Borgward nicht zu überzeugen."

Beim nächsten Treffen, dem Rahmenrennen zum Großen Preis auf dem Nürburgring, tritt wieder nur Hartmann an, aber diesmal lässt der Zieleinlauf aufhorchen: nach sieben Runden über 160 km liegt der Bremer Wagen nur drei Sekunden hinter dem Sieger Pietsch auf Veritas, danach zwei Minuten Abstand zum Dritten!

Was sich hier schon abgezeichnet hatte, gelingt dann bei den beiden folgenden Rennen auf Hochgeschwindigkeitsstrecken, dem Grenzlandring und der Avus in Berlin: Sieg für Borgward und Hartmann! Dabei wird er unterstützt durch einen zweiten Mann, Adolf Brudes, der schon in Montlhéry mitgewirkt hatte. 1899 in Breslau geboren, ist er der Senior unter den Rennfahrern. Kaum jemand hat so lange wie er fast alles über die Pisten getrieben, was zwei oder vier Räder hat. Auf dem Grenzlandring liegt er bis zur letzten Runde in Führung, dann stoppt ihn ein Defekt. Dieser erste Bremer Sieg wird leider überschattet durch den schwersten Unfall, der

Linke Seite: Die Arbeiter im Werk umringen den Siegerwagen vom Grenzlandring.
Unten: Freude allerseits! Frau Hartmann gratuliert ihrem erfolgreichen Gatten.

Adolf Brudes (1899-1986)
Breslau; Motorradrennen ab 1919: BMW, Victoria, Norton; Kfz-Händler; Wagenrennen ab 1929: BMW, Bugatti, MG; 1940 3. Platz 1000 Meilen von Brescia, BMW; 1951 nach Bremen zu Borgward: Rennen u. Rekordfahrten; Carrera Mexiko 1953 u. 54; 1957 NSU-Vertretung in Bremen; Wettbewerbe mit Touren- u. GT-Wagen; letzte 1968: eine Motorsportkarriere von fast 50 Jahren!

Nasse Piste auf der Avus: #21 und #22 die beiden Borgward, #25 R. Trenkel (Porsche), #30 P. Pietsch (Veritas). Die Porsche in den hinteren Reihen: Rennsport-und serien mäßige Wagen werden getrennt gewertet, starten aber gemeinsam.

sich in Deutschland im Motorsport ereignet hat: Beim Lauf der Formel 2-Rennwagen schleudert ein Wagen in die – wie damals üblich – dicht am Fahrbahnrand stehenden Zuschauer. Bittere Bilanz: 13 Tote und 31 Schwerverletzte.

Nach dem regennassen Avus-Rennen – Dritter mit nur einer Sekunde Abstand – vermerkt Brudes knapp in seinen Unterlagen: „durch Behinderung".

Für die Deutsche Meisterschaft gilt eine Punktewertung: Reihenfolge 6 – 4 – 3 – 2 – 1. Die Bilanz in der Klasse Sportwagen bis 1500 cm^3 sieht danach so aus:

Glöckler (Porsche) 13 Punkte
Hartmann (Borgward) 10 Punkte
Pietsch (Veritas) 6 Punkte

Die Aussagekraft dieser Tabelle ist allerdings begrenzt. Es fanden ja nur drei Läufe statt; das Rennen auf dem Grenzlandring zählte nicht dazu.

Adolf Brudes bei den Rekordfahrten.

Die Werbeabteilung in Bremen nutzt natürlich die Gunst der Stunde und verbreitet nach Kräften über Anzeigen und Plakate mit dynamisch dargestelltem Sportgerät den errungenen Ruhm. Sogar eine Steigerung ist noch möglich. Nachdem der Wagen gerade auf schnellen Strecken so überzeugen konnte – warum nicht auch damit neue Rekorde fahren? Auf nach Montlhéry!

Und wieder ein Erfolg: Im Oktober stellen die beiden schon angejahrten Piloten fünf neue Klassenrekorde auf, jetzt über kürzere Distanzen als beim letzten Mal: 50, 100 und 500 Kilometer, 50 und 200 Meilen. Bestes Resultat, über die 100 Kilometer: 215 km/h. Beachtlich, wenn man vergleicht: Vor zwei Jahren erreichte der „Inka" in der Spitze 190 km/h. Nur ein Reifenplatzer in der Steilkurve und später noch ein Felgenbruch verhindern weitere Höchstleistungen.

1953: Starker Auftritt

Im Frühjahr des folgenden Jahres titelt die Zeitschrift „Der Rennfahrer“: „Borgwards Interesse am Automobilrennsport wächst. Das Bremer Automobilwerk setzt 1953 auch ein Sport-Coupé ein.“ Dieses wird bei der Automobilausstellung in Frankfurt vorgestellt. Welchen Ruf sich Mann und Werk bereits geschaffen haben, zeigt der Satz: „Es wäre schon recht verwunderlich gewesen, wenn Borgward ohne Neuigkeit zur Ausstellung erschienen wäre“ (Auto – Motor und Sport 7/1953).

Dieses Fahrzeug nutzt das Werk gleich für eine Rekord-Aktion: In das neue Coupé mit Alu-Karosserie wird ein serienmäßiger 1,8-l-Dieselmotor eingepflanzt, um die Leistungsfähigkeit auch dieses Triebwerks unter Beweis zu stellen. Natürlich gibt es dann aus Montlhéry wieder Stolzes zu vermelden: Zwölf Klassenrekorde und über ganz lange Distanzen (5000 km und 48 Stunden) reicht es sogar zu zwei absoluten Weltrekorden.

Man schickt zwei dieser Coupés im gleichen Jahr auch zum 24-Stunden-Rennen in Le Mans, beide erreichen nicht das Ziel.

In Deutschland beginnt die Rennsaison traditionell in der Eifel (31. Mai). Dort treten in der 1,5-l-Klasse zum ersten Mal drei deutsche Firmen an: Helm Glöckler mit dem neuen leichten Werksporsche Typ 550, der bald allgemein als „Spyder“ bezeichnet wird,

Die Coupés in Le Mans: #41 Poch/ Mouche (F), #42 Hartmann/Brudes. Leider fallen beide Wagen aus.

die beiden Borgward mit Brudes und Hartmann und die EMW-Wagen aus Eisenach. Der Wettkampf unter Dauerregen endet mit einem Sieg des Frankfurters, 3,5 Sekunden vor Brudes, dahinter Hartmann und Rosenhammer (EMW): wieder eine Entscheidung „nur um Nasenlänge".

Der nächste Termin im Rennkalender ist das Avus-Rennen, wo man im letzten Jahr so erfolgreich war. Doch Unheil steht ins Haus. Hartmann wird bei einen Verkehrsunfall verletzt und Brudes rutscht im Training aus der Südkurve: Pilot wenig beschädigt, aber das Auto um so mehr. Was jetzt? Man schaut sich unter den anwesenden Fahrern um – und engagiert Hans Klenk, der seit zwei Jahren mit Erfolg einen Veritas bewegt und im letzten Jahr bekannt geworden ist als Gebetbuch-Verfasser und Copilot von Karl Kling im Mercedes 300 SL bei der Mille Miglia und der Carrera in Mexiko. Nach mäßigem Start überholt er einen Konkurrenten nach dem anderen, kommt als ehemaliger Jagdflieger gerade mit der steil überhöhten Nordkurve gut zurecht und gewinnt mit sattem Vorsprung vor Herrmann und Günther Bechem (BMW).

Er erhält ein gutes Angebot für die nächsten Rennen und wird sogar von Mercedes-Rennleiter Neubauer neben Herrmann, Bechem und

Eifelrennen 1953: Helm Glöckler #131 mit dem neuen Porsche 550 führt von Start bis Ziel, an dritter und vierter Position die beiden Borgward mit Brudes #142 und Hartmann #141.

Oben: Auf der Avus: neben #137 Hans Klenk die beiden Porsche-Werkswagen als Coupé: #131 Hans Herrmann, #132 Helm Glöckler; dahinter #136 Günther Bechem (BMW), der bald für die Bremer fahren wird.
Unten: Klenk in der stark überhöhten Nordkurve. Der ehemalige Jagdflieger kann nach mäßigem Start aufholen und gewinnen.

dem Belgier Paul Frère zu einem Auslesetest auf dem Nürburgring eingeladen: Es soll ein weiterer Mann für das Rennteam gefunden werden, mit dem man im kommenden Jahr in die Formel 1 zurückkehren will. Die Kandidaten steuern den bekannten 300 SL, der junge Stuttgarter erreicht die besten Zeiten – und Klenk verunglückt, vermutlich durch Bremsdefekt, so schwer, dass er seine Rennkarriere beenden muss und noch lange an den Folgen des Unfalls leidet. So sucht man erneut nach Fahrern.

Hans Klenk (1919-2009) Künzelsau/Württ.; mit 11 Jahren Segelfliegen; im Krieg Jagdflieger; danach Konstruktionsbüro bei Stuttgart; ab 1951 Veritas-Rennwagen; 1952 Copilot von Karl Kling (MB 300 SL): 2. Platz Mille Miglia und Sieg Carrera Mexiko; 1953 Sieg Avus für Borgward, Juli schwerer Unfall am Nürburgring; danach bei Continental Leiter Renndienst und Öffentlichkeitsarbeit.

Beim Rahmenrennen zum Großen Preis auf dem Nürburgring treten dann für Borgward an: Günther Bechem aus Hagen, schon seit 1950 mit Privatfahrzeugen im Renngeschäft, und Theo Helfrich aus Mannheim, im vergangenen Jahr Mitglied der Mercedes-Mannschaft mit dem 300 SL. Hier dominiert nun Hans Herrmann mit bester Trainingszeit und Start-Ziel-Sieg, aber dahinter – Bechem und Helfrich, vor Rosenhammer (EMW).

Nächster Start, schon eine Woche später: Bergpreis am Schauinsland bei Freiburg: zwei Läufe über die 9 km-Strecke, die fast nur

Günther Bechem nach seinem ersten Einsatz für Borgward: Sportwagenrennen vor dem Großen Preis von Deutschland, 2. Platz.

Karl-Günther Bechem (1921-2011) Hagen/Westf.; Motorsport ab 1950 mit BMW 328; aus Rücksicht auf die Familie oft unter Pseudonym „Bernhard Nacke"; Kauf eines Rennwagens, umgebaut zu Sportwagen: AFM/BMW; Deutsche Meisterschaft Sportwagen 2 l 1951 4. Rang, 1952 3.; auch Formel 2; ab August 53 bei Borgward; Carrera Mexiko 1954 Unfall; Tätigkeit in seiner Firma; ab 1959 Formel Junior, Touren- und GT-Wagen.

aus Kurven besteht. Ergebnis wie gehabt: Herrmann vor Bechem, auch Brudes ist wieder dabei.

Danach folgt eine internationale Härteprüfung: Das erste 1000 km-Rennen auf dem Nürburgring. Wie die Mille Miglia, Le Mans und die Carrera in Mexiko zählt es für die Sportwagen-Weltmeisterschaft, die in diesem Jahr zum ersten Mal ausgetragen wird. Die führenden Teams treten an: Ferrari, Lancia, Maserati und Jaguar. Mit den Weltmeistern von 1950, 51 und 52: Farina, Fangio, Ascari. 44 Runden über die 22,8 Kilometer der Nordschleife, eine Strapaze für Mensch und Material, mit ganz anderen Belastungen als auf dem Flachkurs in Le Mans. Die Bremer brauchen für die zwei Wagen vier Fahrer, und so kommt als Neuer der Schweizer Franz Hammernick dazu. Das soll vermutlich auf einen wichtigen Exportmarkt wirken. Diesmal ist Porsche nicht durch Werkswagen vertreten: Die beiden 550 wurden nach Guatemala verkauft. So bleiben als Konkurrenz drei Kieft (GB), drei Osca (I) und ein Glöckler-Porsche. Le Mans-Start: Die Piloten rennen quer über die Zielgerade, lassen die Motoren an, und der

Bechem beim Bergrennen am Schauinsland in der bei Zuschauern beliebten Kurve Holzschlägermatte.

Schwarm dröhnt davon. Hat da Bechem etwas zuviel des Guten getan? Er kommt schon nach der ersten Runde an die Box: Motor überdreht. Der Teamleiter weiß aber, wer der schnellste Mann ist: Als Brudes dann zum Tankstopp herein kommt, steigt zu seiner Überraschung nicht Hammernick in den Wagen, sondern Bechem. Und weil nur ein komplettes Team ausgetauscht werden kann, müssen die beiden von jetzt an ihren Kollegen zuschauen. Dieser Wagen hält durch und erreicht das Ziel – als Dritter im Gesamtklassement, hinter dem Ferrari von Ascari/Farina und einem Jaguar! Damit ist Borgward das erste deutsche Werk, das Punkte in der Sportwagen-Weltmeisterschaft erringt. Staunen, Glückwünsche, Pokal. Am meisten freut das Team, dass ihm Juan Manuel Fangio ausdrücklich für seine Leistung gratuliert.

Damit ist die Rennsaison in Deutschland abgeschlossen. Endwertung der Meisterschaft in der Sportwagenklasse bis 1500 cm³, diesmal nach vier Läufen (das 1000 km-Rennen zählt nicht dazu): Herrmann 16 Punkte, 2. Bechem 13 Punkte, 3. Glöckler 8 Punkte.

Theo Helfrich (1913-1978) Mannheim; Motorsport ab 1936; Autohändler; ab 1949 Veritas Renn- und Sportwagen; 1952 Mitglied der Mercedes-Mannschaft auf 300 SL; mit H. Niedermayr 2. Platz in Le Mans; 1953 Deutscher Meister Formel 2 (Veritas); ab 1955 Starts mit Porsche 550 und Cooper Formel 3.

1. Internationales 1000 km-Rennen 1953. Noch sind nur wenige Zuschauer zu diesem neuen Wettbewerb gekommen; das wird in den späteren Jahren ganz anders werden. Die beiden Borgward erkennbar an den schwarz unterlegten Startnummern: #38 ist schon in Bewegung, #37 steht noch.

Franz Hammernick (1917-1982) Basel; Lehrling des Vaters von P. Monteverdi; eigene Autowerkstatt; Motorsport ab 1949 mit BMW und Veritas, dabei der junge P. Monteverdi als Mechaniker; 1951 Klassensieg Eifelrennen, 1952 2. Platz; nach 1954 Bergrennen in der Schweiz; Veritas verkauft.

Oben rechts: Bechem und Helfrich übernehmen #37, den Wagen von Brudes, und fahren auf den 3. Platz im Gesamtklassement. WM-Punkte für die RS aus Bremen!

Nach dem Aufsehen erregenden Erfolg beim Weltmeisterschaftslauf entschließt sich C. F. W. Borgward, sein Team auch bei dem spektakulärsten und strapaziösesten Wettbewerb antreten zu lassen, den der Motorsport damals zu bieten hat: der Carrera Panamericana in Mexiko. In Deutschland bereits bestens bekannt durch den Doppelerfolg der Mercedes 300 SL Flügeltürer im Vorjahr. Rund 3100 Kilometer, vom äußersten Süden, nahe der Grenze zu Guatemala, bis zum Rio Grande im Norden, der das Land von den USA trennt. Acht Etappen in fünf Tagen. Zu bewältigen sind Unterschiede von Meereshöhe bis zu alpinen 3200 m, Kurvenpassagen durchs Gebirge und endlose Geraden über die Hochfläche des Nordens.

Die beiden Bremer Wagen werden dem bewährten Duo Hartmann und Brudes anvertraut. Porsche hat zur allgemeinen Überraschung den Sieger von 1952, Karl Kling, engagieren können. Zweiter Fahrer ist der junge Hans Herrmann. Auch die Porsche-Coupés von Le Mans tauchen wieder auf: erworben durch den Automobilclub von Guatemala, am Steuer der Exiltscheche Jaroslav Juhan und der Plantagenbesitzer José Herrarte.

Dramatik schon zu Beginn: Brudes kommt auf Rollsplit ins Schleudern, der Wagen überschlägt sich und der Fahrer landet in einem Baum: Das war's dann! Die Werksporsche gewinnen die erste Etappe mit zehn Minuten Vorsprung – und fallen alle beide in der zweiten mit technischen Defekten aus. Jetzt wird das Rennen in der kleinen Sportwagenklasse zum Duell zwischen Hartmann und Juhan. Der Porsche meistert die Kurven besser – drei Etappensiege; danach folgen die Tempopisten – und drei Mal liegt der Borgward vorn. Beim Start zur letzten Etappe über 360 km ist eigentlich alles klar: Hartmann hat einen satten Vorsprung von 13 Minuten auf Juhan: damit werden sie in dieser Reihenfolge das Rennen beenden. Doch es kommt alles anders. Am Porsche streikt der Verteiler. Juhan hatte vorher immer ein Ersatzteil in der Tasche, glaubte es jetzt nicht mehr zu brauchen und hat es weggeworfen: das Aus so kurz vor dem Ende. Beim Borgward bricht ein Ansaugrohr, der Wagen läuft nur noch auf zwei Zylindern, außerdem fegt ihm ein Sandsturm entgegen. Hartmann kämpft verzweifelt, um noch rechtzeitig anzukommen. Als er die Zielflagge sieht, ist er glücklich, es geschafft zu haben – und erfährt, dass er die Sollzeit von drei Stunden um sieben Sekunden überschritten hat: disqualifiziert! Für ihn bricht eine Welt zusammen, es fließen Tränen. Doch die Presse in Mexiko und auch international berichtet ausführlich über dieses Drama, nennt ihn den moralischen Sieger, und so erntet er sogar mehr Aufmerksamkeit als durch einen

Carrera Panamericana in Mexiko: H.H. Hartmann lächelt dem Fotografen Bernard Cahier zu, dahinter die beiden Porsche von Hans Herrmann, #160, und Karl Kling. In Amerika ist Werbung auf den Fahrzeugen bereits üblich.

Unten: Hartmann am Start. Das Reserverad wird nur für die ersten gebirgigen Etappen auf dem Heck angebracht. In engem Abstand postierte Soldaten überwachen die Zuschauerreihen.

regulären ersten Platz. Nach diesem Vorfall ändern die Organisatoren die Bestimmungen für die letzte Etappe. Bei der Rückkehr nach Bremen wird er bejubelt und geehrt. Auch der Chef ist höchst zufrieden.

Nachtrag: In dieser Klasse beenden überhaupt nur zwei Fahrzeuge das Rennen, beides Porsche. Und Herrarte, dem so der Sieg zufällt, liegt in der Gesamtzeit rund 1 ½ Stunden hinter Hartmann zurück! Was die Zuffenhausener nicht davon abhält, auf Plakaten augenfällig den Doppelerfolg in Mexiko zu rühmen: Eine exotische Aztekenmaske blickt auf das rasende Sportfahrzeug. Aber seien wir ehrlich: Im umgekehrten Fall hätten die Borgward-Werbeleute das kaum anders gemacht.

Rückkehr nach Bremen. Der „moralische Sieger" der Carrera wird stürmisch gefeiert.

1954: Begrenzte Kraft

Der Markt in Lateinamerika muss der Firmenleitung sehr attraktiv erscheinen, denn ein Wagen wird im Januar sogar nach Argentinien verfrachtet, zum 1000 km-Rennen in Buenos Aires, auch das ein Lauf zur Sportwagen-Weltmeisterschaft. Aber der Ertrag des Renneinsatzes steht nicht im Verhältnis zu dem vermutlich erheblichen Aufwand. Das Fahrzeug von Hartmann und Brudes fällt nach der Hälfte des Rennens aus. Auch in Nordeuropa sollen die Bremer Produkte bekannter werden, und man schickt Hartmann nach Schweden zu einem „Eisrennen" (Bollnäs, ca. 250 km nördlich von Stockholm). Diese Wettbewerbe auf zugefrorenen Seen – mit Schneeketten und Spikes-Reifen – sind damals sehr populär.

Der erste Einsatz auf heimischem Boden ist wieder das Eifelrennen. Da tritt der Porsche Spyder mit einem neuen Triebwerk an, das ihn noch etliche weitere Jahre befeuern wird. Ernst Fuhrmann hat es konstruiert: Vierzylinder-Boxer, vier obenliegende Nockenwellen, Königswellenantrieb, 115 PS. Drei Wochen zuvor hatte Hans Herrmann mit ihm bei der Mille Miglia einen hervorragenden 6. Rang im Gesamtklassement erreicht. Danach war er in Hockenheim bei Probefahrten mit dem neuen Mercedes-Formelrennwagen verunglückt und durch heißes Öl verletzt worden. Der alte

Ein anderer Ausflug nach Lateinamerika enttäuscht: Der RS von Hartmann/Brudes beim 1000 km-Rennen in Buenos Aires, Januar 1954.

Schweden war für Borgward ein wichtiger Absatzmarkt. Die Werbung feiert den „Dubbelseger" am Nürburgring.

Damals waren riesige Siegerkränze üblich: Günther Bechem nach dem Erfolg beim Eifelrennen.

Silberpfeil-Kämpe Hermann Lang soll für ihn einspringen, aber er kommt mit dem ihm ungewohnten Fahrzeug auf kein befriedigendes Ergebnis. Man ruft Herrmann. Er steigt mit verbundenen Beinen ein und fährt die zweitbeste Trainingszeit. Nach dem Start distanziert er die anderen sofort – und muss seine Tätigkeit noch in der ersten Runde beenden: Lenkhebel gebrochen. So kommt das Borgward-Team zu einem schönen Doppelsieg durch Bechem und Hartmann. Sie können die italienischen OSCA und die EMW auf Abstand halten, aber ein direkter Vergleich mit den Konkurrenten aus Zuffenhausen findet noch nicht statt.

Der erfolgt dann beim Rahmenrennen zum Großen Preis auf dem Nürburgring vor großer Kulisse. Hunderttausende von Zuschauern wollen die neuen Mercedes-Silberpfeile siegen sehen. Als Vorspiel das Kräftemessen zwischen Borgward und Porsche. Das Ergebnis lässt an Deutlichkeit nichts zu wünschen übrig: vier Porsche in der ersten Startreihe, und diese auch als erste im Ziel. Sieger – ja wer wohl? – ist Hans Herrmann. Obwohl die Leistung des Borgward-Motors jetzt durch Benzineinspritzung gesteigert wird, kommt Bechem nur auf Rang fünf, dahinter Edgar Barth (EMW). Noch dazu ist Hartmann kurz vor Schluss gestürzt und wurde so schwer verletzt, dass auch er seine Rennfahrerlaufbahn beenden muss. Beides zusammen ein herber Rückschlag für die Bremer. Wie können sie wieder Anschluss gewinnen?

Zwischendurch schickt man noch einen Wagen zum Rennen in Bern, um auch in der Schweiz wieder auf sich aufmerksam zu machen. Beim „Preis von Bremgarten", am Tag vor dem Formelrennen mit den Mercedes, sitzt natürlich der Eidgenosse am Steuer, der bei den 1000 km im letzten Jahr noch zu kurz gekommen war: Franz Hammernick belegt den zweiten Platz hinter seinem Landsmann Heuberger auf einem Porsche Werks-Spyder.

Danach tritt das Team auf der Avus an: Ein Kurs, auf dem man ja in den beiden letzten Jahren Siege eingefahren hatte. Für Borgward starten

Bechem und wieder Brudes. Den Kampf um die Spitze machen dann aber Herrmann und sein Porsche-Kollege von Frankenberg unter sich aus, Bechem wird nur Dritter, Brudes landet auf Platz sechs, hinter Barth (EMW) und Trenkel (Porsche).

Das war der letzte Lauf für die Deutsche Meisterschaft und man kann zusammenzählen. Es gab wieder nur drei Wertungsrennen, deren Addition diesmal zu einem kuriosen Resultat führt: Gleich drei Fahrer haben je einmal gewonnen und jeweils 10 Punkte erzielt. Immerhin muss nicht das Los entscheiden, sondern laut Ausschreibung gibt die Platzierung beim GP auf dem Nürburgring den Ausschlag. Damit lautet die Reihenfolge: Herrmann vor von Frankenberg und Bechem.

In Bremen muss man sich jetzt ernsthafte Gedanken machen, wie es weiter gehen soll. Der Firmenchef äußert sich besonders drastisch:

Ein Bild kann mehr sagen als tausend Worte: Rahmenrennen zum GP von Deutschland bzw. „Europa" 1954: Bereits wenige Sekunden nach dem Start sind die vier Porsche deutlich in Front, die beiden Borgward distanziert.

Was sei „mit den alten Chaisen" denn noch zu erreichen? Deren Konzept geht ja auf das Jahr 1951 zurück. Trotzdem entschließt er sich, noch einmal eine Mannschaft zur Carrera in Mexiko zu schicken. Die Erinnerung an die große Resonanz auf die dramatische Fahrt von Hartmann wirkt noch nach.

Als Fahrer wird neben Günther Bechem Franz Hammernick bestimmt: Auch in diesem Fall dürfte der Gedanke an den Absatzmarkt Schweiz ausschlaggebend gewesen sein. So muss Adolf Brudes zu seiner größten Enttäuschung hinnehmen, dass er zwar auch in Mexiko dabei sein wird, aber mit dem PKW-Isabella, dessen Verkauf vor wenigen Monaten angelaufen ist. In der neu geschaffenen Klasse für europäische Tourenwagen bis 2 Liter werden deren 60 PS gegen sage und schreibe zwölf fast doppelt so starke Alfa Romeo 1900 TI keine Chance haben. Diese Kategorie wird noch durch ein ganzes Rudel VW Käfer aufgefüllt, die der Importeur, Alfonso de Hohenlohe, dirigiert.

Die beiden für die Carrera Panamericana vorbereiteten Wagen verlassen das Werk zu einer letzten Probefahrt auf der Autobahn.

Porsche entsendet offiziell nur einen Werkswagen mit Hans Herrmann. Die beiden Spyder von Jaroslav Juhan – wir erinnern uns an das Drama bei der Carrera im vergangenen Jahr – und von Fernando Segura (Argentinien) gelten als privat gemeldet. Unter den Konkurrenten auch drei Osca und ein englischer Kieft. Die beiden Sportwagenklassen sind allerdings überschaubar. Bei den „Kleinen" (bis 1500 cm^3) 12 Teilnehmer, bei den „Großen" 19: Da dominieren die Ferrari mit 3 bis 4,9-l-Motoren, es tritt aber keine Werksmannschaft an. Den weitaus größten Teil des Feldes stellen die beiden Tourenwagenklassen mit den amerikanischen Dickschiffen Buick, Cadillac, Packard, Lincoln, Dodge, Chevrolet ... Da der Dampfer mit den Fahrzeugen und dem Material für die beiden deutschen Firmen durch Stürme behindert viel später als vorgesehen eintrifft, machen sich die Fahrer auf Mietwagen mit der Strecke vertraut. Nur zwei Monteure betreuen die Bremer Fahrzeuge.

Nach dem Start bringt schon die erste Etappe saftige Überraschungen: Bechem fährt die

Mexiko: Arbeiten am Motor in familiärer Atmosphäre, mitten im Leben. Vor dem Fahrzeug Günther Bechem.

Rechte Seite oben: Hans Herrmann beim Start zur ersten Etappe in Tuxtla Gutierrez. Jetzt kann er noch lachen, aber auf der Fahrt wird er erhebliche Probleme mit den Reifen bekommen.

Rechte Seite unten: Günther Bechem sieht den Dingen gelassen entgegen. Dahinter der private 3-l-Ferrari von Franco Cornacchia, der das Rennen auf Rang 5 beenden wird, hinter den Porsche von Herrmann und Juhan.

Unten: Die Isabella ist in diesem Jahr auf den Markt gekommen und kann nun ihre Leistungsfähigkeit beweisen: hier auf der Rampe bei der offiziellen Abnahme.

drittschnellste Zeit aller Teilnehmer, nur übertroffen von den beiden Ferrari von Phil Hill und Umberto Maglioli! Die Porsche haben erhebliche Schwierigkeiten mit den neuen Dunlop-Reifen. Die Protektoren fliegen weg, Hans Herrmann muss wechseln und zum Depot 70 km nur auf der Leinwand fahren. Er handelt sich damit einen Rückstand von satten 21 Minuten ein. Die Bremer Fahrzeuge rollen auf Continental und ohne Probleme, Hammernick als Dritter in seiner Klasse und Gesamt-Achter.

Doch am nächsten Tag rennt ihm bei hohem Tempo ein Hund vor die Räder, der Wagen prallt gegen eine Böschung, der Fahrer wird heraus geschleudert, sein Sturzhelm zerbricht. Der Schweizer kommt noch glimpflich davon, aber der erste Borgward ist aus dem Rennen. Dagegen kann sich Bechem weiter Hoffnung machen: erneut dritter Gesamtrang, und der Abstand zum Werksporsche weiter vergrößert.

Am gleichen Tag folgt die dritte Etappe nach Mexiko City, und hier erwischt es auch ihn: Wieder ein Hund! Er verliert acht kostbare Minuten,

MEXICO
60
CARRERA PANAMERICANA
60

Startzeichen für Günther Bechem, der diese Etappe mit seinem 1,5-Liter-RS als dritter des Gesamtklassements beenden kann.

um den Wagen wieder fahrfähig zu machen, und kommt mit verbeulter Front und ohne Motorhaube in der Hauptstadt an. Wenigstens führt er immer noch mit 1 ½ Minuten vor Juhan. Auf der vierten Etappe passiert es dann: Um eine scharfe Kurve drängen sich die Zuschauer, versperren die Sicht auf Fahrbahn und Warnschilder. Zu spätes Bremsen, der Wagen gerät ins Rutschen und prallt seitlich gegen einen Betonpfosten: Karosserie auf Sitzhöhe demoliert, Oberschenkel gebrochen. Kurz danach rammt ein weiterer Einschlag das Unfallfahrzeug: Die Helfer lassen vor Schreck den Verletzten von der Tragbahre fallen, der spanische Pegaso, das teuerste Fahrzeug im Rennen, brennt vollständig aus. In der gleiche Kurve beenden dann auch noch ein Chevrolet und ein Dodge ihre Carrera-Bemühungen.

Borgward habt einfach Pech im Land von Montezuma. Der weitere Verlauf des Rennens? In dieser Klasse geht es jetzt nur noch um den Porsche-internen Wettbewerb zwischen Herrmann und Juhan. Der Stuttgarter legt in jeder Etappe weiter zu, und da er einige Jahre jünger ist als sein Rivale, rühmt die Presse mit Schlagzeilen die Aufholjagd des „muchacho alemán", des deutschen jungen Manns. Er schafft es, am Ende um eine halbe Minute vor seinem Kollegen zu liegen und erringt damit den dritten Rang im Gesamtklassement: Freude, Jubel und Anerkennung für die Leistung. Allerdings: Genau auf diesem Platz, hinter den beiden großen Ferrari, lag auch

Bechem nach der zweiten Etappe. Und auf den schnellen Passagen im Norden hätte er ... Aber das ist das unerschöpfliche und ewig reizvolle „Was wäre gewesen wenn ...“ Brudes und seine Isabella stehen alles tapfer durch bis zum Rio Grande: 6. Rang in der Klasse, hinter den Alfa, mit einem Durchschnitt von 127 km/h. Und die VW Käfer? Sie haben die über 3000 km in geschlossener Formation absolviert, fast Stoßstange an Stoßstange kommen alle sieben an und verbuchen einen Schnitt, der nahezu bei der vom Werk angegebenen Höchstgeschwindigkeit liegt. Ein Schelm, wer Böses dabei denkt!

Oben: Am Ziel (Meta) der ersten Etappe in Oaxaca: Bechem vor Juhan (Porsche), der drei Minuten vor ihm gestartet war.

Mitte: Ende der Dienstfahrt von Franz Hammernick: Das bleibt übrig, wenn ein Hund das Tempo eines Borgward RS unterschätzt.

1956: Neuer Start

Erwin Bauer (1912-1958), Stuttgart Motorsport auf Motorrad; 1938/39 Nachwuchsfahrer bei Mercedes; nach 1945 in Borgward-Vertretung, Wettbewerbe mit Hansa 1500; Förderer von H. Herrmann; 1956 Mille Miglia Klassensieg u. 28. Platz Gesamt; 1957/58 Copilot von Köchert (Wien) auf dessen Ferrari; 1000 km Nürburgring 1957 13. Ges.; 1958 10. Ges., bei Zieldurchfahrt missverständliches Flaggenzeichen, auf der Zusatzrunde tödlicher Unfall.

Die Verantwortlichen in Bremen machen sich keine Illusionen: Das Triebwerk ist am Ende seiner Entwicklungsmöglichkeiten angekommen. Konstrukteur Karl Ludwig Brandt erhält den Auftrag, einen ganz neuen Motor zu entwerfen. Das braucht seine Zeit, und daher beschickt die Firma in der ganzen Saison 1955 keine Rennen. Erstaunlich, dass trotzdem im Programm für das Eifelrennen K. G. Bechem (Borgward) steht: Hat man Wagen und Fahrer, die im Vorjahr an dieser Stelle siegreich waren, doch noch einmal auf die Piste schicken wollen?

Im Februar 1956 können Interessierte in der Zeitschrift „Das Auto, Motor und Sport" (AMS) ein kleinformatiges, etwas unscharfes Foto entdecken: Männer in Winterkleidung knien am Straßenrand neben den Vorderrädern eines silbrigen Rennfahrzeugs, dahinter aufmerksame Beobachter. Die Bildunterschrift: „Auf der Autobahn Bremen-Hamburg fotografierte einer unserer Leser den neuen 1,5 Liter-Rennsportwagen von Borgward."

Das Ergebnis von Brandts Arbeit ist beeindruckend: Benzineinspritzung wie beim Mercedes-Silberpfeil W 196, vier Ventile und

Ein RS der neuen Generation im Frühjahr 1956 auf der Autobahn: moderner Motor mit mehr Power, flache Karosserie.

zwei Zündkerzen pro Zylinder, zwei obenliegende Nockenwellen – ein fortschrittliches Aggregat, das auf Anhieb 130 PS auf den Prüfstand bringt. Dazu gönnt man dem Wagen eine schlanke Karosserie. Von den ersten Probefahrten – natürlich auf öffentlichen Straßen – stammt das erwähnte Bild.

Allerdings muss sich das Werk auch neue Piloten suchen. 1954 waren die beiden Stammfahrer verunglückt. Man engagiert den Stuttgarter Erwin Bauer, der wie Hartmann einst bei Mercedes zur Nachwuchstruppe gehörte und vor einigen Jahren Hans Herrmann angeleitet hat, auf Rennstrecken die Ideallinie zu finden. Daneben bietet sich geradezu vor der Haustür ein junges Talent an: Der Bremer Helmut Schulze, der auf einem Porsche Carrera schon mehrfach beeindruckt hat.

In AMS 15/1956 heißt es in einer Vorschau auf das Solitude-Rennen am 22. Juli: „Mit großem Interesse wird das Debüt des neuen 1500-cm^3-Borgward-Rennsportwagens erwartet, von dem der Stuttgarter Bauer bei einer Versuchsfahrt auf dem Nürburgring einen guten Eindruck erhielt." Bei diesem Meisterschaftslauf erhofft sich die Fachwelt vor allem einen aufschlussreichen

Helmut Schulze (1933)
Bremen; ab 1955 Erfolge mit Porsche Carrera; 1956 1000 km Nürburgring mit F. Nogueira 10. Ges.; Versuchsfahrer für Borgward; Solitude 6. Platz; 1957 nach zwei Ausrutschern (Spa und Schauinsland) durch Giulio Cabianca ersetzt; 1000 km Nürburgring mit R. von Frankenberg (Porsche 550 RS) 7. Ges.

Fahrerlager beim Solitude-Rennen. Erwin Bauer, für Borgward verpflichtet, passt seine Rennbrille an.

Vergleich zwischen den drei deutschen Bewerbern in der 1,5-Liter-Klasse. Die Mannschaft aus dem anderen deutschen Staat hatte durch einen Doppelsieg beim Eifelrennen 1955 den sieggewohnten Porsche eine empfindliche Niederlage beigebracht. Das VEB-Unternehmen nennt sich jetzt, auch um sich von der bayerischen Vergangenheit abzusetzen, „Automobilwerk Eisenach" (AWE), und bringt gleich fünf Fahrzeuge an den Start: für die Stammfahrer Edgar Barth, Arthur Rosenhammer, Paul Thiel und Egon Binner, und auch für einen Westdeutschen, den Düsseldorfer Wolfgang Seidel. Porsche hat den 550er weiter entwickelt, jetzt 1500 RS genannt, und kann erfolgreiche Piloten einsetzen: neben Hans Herrmann Graf Berghe von Trips, den noch in diesem Jahr Ferrari engagieren wird, und Richard von Frankenberg, ebenso routiniert als Journalist wie als Rennfahrer.

Bereits die Trainingszeiten lassen eine Dominanz der Wagen aus Zuffenhausen erkennen: Sie besetzen die erste Startreihe, mit Hans Herrmann auf der Poleposition. Dahinter Schulze mit dem ersten Borgward, neben ihm zwei AWE und hinter ihm Erwin Bauer. Die weiteren Reihen füllen „Seriensportwagen", mit einer Ausnahme alles Porsche Spyder.

Beim Start setzt sich Hans Herrmann sofort an die Spitze, und schon in den ersten der 14 Runden zeigt sich, dass nur Edgar Barth mit

Start! In Front, v. l.: #10 Herrmann, #11 von Frankenberg (beide Porsche); zweite Reihe #7 Schulze (Borgward), #2 Rosenhammer (AWE); dahinter #6 Bauer (Borgward), #20 Buff, USA und #30 Nathan (beide Porsche). Die Rennsportwagen waren mit einem Kreis markiert, um sie von der Klasse Seriensport zu unterscheiden.

den Werksporsche mithalten kann. Hinter ihm Thiel, dann folgen die Borgward. Leider rutscht Bauer in einer ölverschmierten Kurve von der Bahn. Er kann zwar weiter fahren, aber der Wagen ist beschädigt, und er muss aufgeben. Sieger wird Hans Herrmann knapp vor Graf Trips, dahinter Edgar Barth. Günther Molter lobt im AMS-Rennbericht: „Sehr eindrucksvoll war die Fahrt des Neulings Schulze, der in gleichmäßiger und anerkennenswerter Fahrweise seinen Borgward, immer an sechster Stelle liegend, ins Ziel brachte ... Die Bremer können mit ihrem ersten Einsatz zufrieden sein."

Borgward ist auch schon für das Rahmenrennen beim Großen Preis auf dem Nürburgring gemeldet, aber die Erfahrungen auf der Solitude und weitere Tests ergeben, dass das Fahrverhalten unbefriedigend ist. Kurz gesagt: Das Chassis ist der gesteigerten Motorleistung noch nicht gewachsen.

Der erste Einsatz der neuen RS-Generation erfolgte auf der Solitude bei Stuttgart. Kurve am Glemseck, dahinter ein Bauernhof.

1957: Kampf am Berg

Nach weiteren Entwicklungsarbeiten und zahlreichen Probefahrten bestreitet das Werk mit dem neuen RS im folgenden Jahr eine ganze Saison. Erster Start: Großer Preis von Spa (Belgien) für Sportwagen. Helmut Schulze hat allerdings Pech: ein plötzlicher Wolkenbruch mit Hagel überschwemmt kurz nach dem Start die Fahrbahn und befördert ihn in die Botanik.

Danach dominiert ein anderes Ziel: Teilnahme an der Europa-Bergmeisterschaft, die neu eingeführt und für Sportwagen bis 2 Liter ausgeschrieben wird. Nur Fachleute erinnern sich, dass es 1930-1932 eine solche Meisterschaft schon einmal gab. Damals trugen sich vor allem Hans Stuck (Austro-Daimler) und Rudolf Caracciola (Mercedes-Benz) in die Siegerlisten ein. Als Konkurrenten mit Erfolgsaussichten treten jetzt an: Die ebenfalls weiter entwickelten Porsche 1500 RS, mit neuen Akteuren: Edgar Barth ist es gelungen, mit seiner Familie in die Bundesrepublik überzuwechseln, und startet nun für die Zuffenhausener. Dort hat man aus Italien Umberto Maglioli engagiert, der nicht nur 1954 die Carrera in Mexiko gewonnen hatte, sondern im vergangenen Jahr sensationell mit dem „kleinen" Porsche die Targa Florio. Die beiden deutschen Werke verfügen nur über 1500 cm^3-Triebwerke, aber die Vertreter Italiens konnten bei der Ausschreibung für diese Meisterschaft ein 2-Liter-Limit durchsetzen. So hat der Maserati Typ 200 SI gute Chancen, den das Werk dem erfahrenen Schweizer Willy P. Daetwyler anvertraut.

Borgward verzichtet noch auf den ersten Lauf am Mont Ventoux in der Provence (Daetwyler

Spa-Francorchamps, Mai 1957: Erster Start in der neuen Saison. Die Fahrt von Helmut Schulze endet schon bald neben der Strecke.

gewinnt vor Maglioli und Barth) und stellt sich erst auf deutschem Boden beim Schauinsland-Rennen. Dort kann man aber mit einem Überraschungscoup aufwarten: Das Werk hat als Fahrer Hans Herrmann verpflichtet, was manche anfangs gar nicht glauben wollen. Der Stuttgarter war doch bei Porsche groß geworden und konnte für das Werk in den Jahren 1953-56 zahlreiche, zum Teil spektakuläre Erfolge einfahren! Aber die Bindung hatte sich gelockert und es gab offenbar Gründe für einen Wechsel. Auch beim ersten Start am Berg läuft noch nicht alles wie gewünscht: Schulze fliegt bei einem Trainingslauf von der Strecke. Der Wagen stürzt mehrere Meter tief, der Fahrer hängt im Sitz fest und das Benzin läuft ihm über den Rücken ... Herrmann wird beim Rennen auf regennasser Straße durch eine rutschende Kupplung behindert: dritter Platz hinter Barth und Maglioli. Da Daetwyler durch einen Reifenschaden nicht ins Ziel kommt, sieht es für die Porsche-Piloten jetzt ausgesprochen positiv aus.

Hans Herrmann (1928)
Stuttgart; Motorsport ab 1952 mit privatem Porsche, 1953 Werksfahrer; Deutscher Meister Sportwagen 1953, 54 und 56; 1954 Klassensiege Mille Miglia und Carrera Mexiko; 1954/55 Mercedes Formel 1 neben Fangio und Moss; 1955 Unfall Monaco; 1957 Einsätze auf Maserati; nach Borgward wieder Porsche: 1960 Siege Sebring und Targa Florio; 1962-65 Abarth; 1968-70 2. Platz 1000 km Nürburgring; 1970 Gesamtsieg Le Mans; danach Unternehmer (HH Autotechnik).

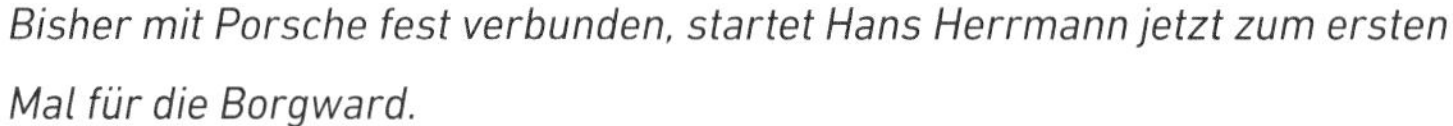

Bisher mit Porsche fest verbunden, startet Hans Herrmann jetzt zum ersten Mal für die Borgward.

Der Wald ist kein passender Aufenthaltsort für ein Rennfahrzeug. Trainingsende für Helmut Schulze am Schauinsland.

Rechte Seite oben: Der erfahrene Schweizer Willy P. Daetwyler mit seinem 2-l-Maserati. Bei diesem Rennen stoppt ihn ein Reifendefekt, aber er gewinnt die 1957 neu eingeführte Europa-Bergmeisterschaft.

Rechte Seite unten: Edgar Barth (Porsche) siegt am Schauinsland.

Giulio Cabianca (1923-1961)
Verona; Motorsport ab Ende 40er-Jahre; Langstrecken- und Bergrennen, meist auf Osca; Mille Miglia von 1948 bis 1957, dort Klassensiege 1952, 56 und 57; mehrfach italienischer Meister; 1957/58 Bergrennen für Borgward; 1959/60 Sportwagen für Ferrari; 1961 durch technischen Defekt bei Testfahrt im Autodrom von Modena tödlicher Unfall.

Aber vor dem nächsten Spurt am Gaisberg bei Salzburg krempelt ein schwerwiegender Zwischenfall alles um: Das Coupé, in dem Maglioli und Barth nach einer Streckenbesichtigung bergab fahren, wird von einem Teilnehmer, der „wild" trainiert, fast frontal gerammt: Der Deutsche erleidet nur leichtere, der Italiener schwere Verletzungen, die ihn für mehrere Monate ins Krankenhaus bringen. Für das Werk in Zuffenhausen müssen Richard von Frankenberg und Huschke von Hanstein einspringen. Auch bei Borgward gibt es Veränderungen. Der Leiter der Versuchsabteilung, Wilhelm Büchner, der auch als Rennleiter fungiert, hat die beiden Ausrutscher von Schulze so ernst genommen, dass er ihn nicht weiter einsetzt und dafür den Italiener Giulio Cabianca engagiert. Cabianca verfügt über viele Jahre Erfahrung, besonders bei Langstrecken- aber auch bei Bergrennen. Am Salzburger Hausberg gewinnt erneut Daetwyler. Herrmann kommt auf den zweiten Rang, Cabianca auf den vierten.

Kurz danach erfolgt der Lauf in der Schweiz (Tiefenkastel-Lenzerheide). Sieg für Porsche durch einen Mann, der seit diesem Jahr zur Scuderia Ferrari gehört, aber für einzelne Bergrennen frei gestellt wird. Nach einem Unfall beim Training zum 1000 km-Rennen hatte er mehrere Wochen ein Gipskorsett tragen müssen. Jetzt ist er wieder einsatzfähig: Wolfgang Graf Berghe von Trips. Den Borgward-Fahrern bleiben nur die Plätze vier und sechs. Da Porsche inzwischen seine Motoren auf 1600 bzw. 1700 cm^3 aufgebohrt hat, werden die Bremer Wagen, wie schon am Gaisberg, als „Sieger" der Klasse bis 1,5-Liter gewertet, aber das ist nicht mehr als ein Papiergewinn: Für die Meisterschaft zählt nur das Gesamtklassement.

Schon eine Woche später treffen sich die Teams wieder beim Meisterschaftslauf in Italien: vom Tal in Aosta auf den Großen Sankt Bernhard, eine extrem lange Strecke – 34 Kilometer! Hier kann die Entscheidung um den Titel fallen. Das Reglement schreibt vor, dass für die Schlussrechnung nur Fahrer gewertet werden, die an vier

62

Am Gaisberg bei Salzburg: Giulio Cabianca nimmt von jetzt an den Platz von H. Schulze ein.

Rechte Seite: Motorenlärm in Schweizer Bergidylle: Tiefenkastel – Lenzerheide.

Unten: Partenza! Start in Aosta zu der 34-km-Strecke bis auf die Passhöhe am Großen Sankt Bernhard. Vor den beiden Borgward der Maserati von Daetwyler, der hier bereits zweimal gewonnen hat.

Rennen teilgenommen haben. Weil danach lediglich noch der Lauf in Griechenland ansteht, würde es für Trips ohnehin nicht mehr reichen, wohl aber für Edgar Barth, der wieder antreten kann. Aber bei einer ärztlichen Untersuchung glaubt der vom Veranstalter beauftragte italienische Arzt, „übernervöse Reflexe" feststellen zu können und gibt keine Starterlaubnis. Ob da nur rein medizinische Gründe ausschlaggebend waren? Denn damit ist auch Barth aus der Gesamtwertung eliminiert.
Im Unterschied zu den Deutschen kennt Daetwyler die Strecke bestens – und das ist bei Bergrennen oft entscheidend. Das Ergebnis der langen Hatz auf die Passhöhe überrascht daher nicht: der Schweizer vor Trips und Herrmann. Damit ist Willy P. Daetwyler Europa-Bergmeister. Beachtenswert der Vergleich der beiden Deutschen. Zwischenstoppungen ergeben, dass Herrmann bis wenige Kilometer vor dem Ziel schneller unterwegs war als sein Konkurrent. Auf der folgenden Schotterstrecke konnte aber der Porsche mit dem Mittelmotor die Kraft besser auf die Straße bringen. Nach rund 22 Minuten beträgt die Differenz nur knapp fünf Sekunden! Ein deutliches Zeichen, dass der RS aus Bremen sich zu einem ebenbürtigen Gegner entwickelt hat.

Und der letzte Lauf bei den Griechen? An sich war es

137

eine richtige Entscheidung, auch dieses Land einzubeziehen und den Wettbewerb, der sich doch „Europameisterschaft" nennt, nicht nur in der Alpenregion durchzuführen. Damals in den 30er-Jahren waren ja auch Spanien, England, die Tschechoslowakei oder Ungarn beteiligt. Aber jetzt steht der Titelträger bereits fest und das Geschehen am Mont Parnès bei Athen interessiert kaum mehr. Maserati und die Privatfahrer sparen sich den Aufwand, nur die beiden deutschen Werke entsenden ihre Teams. Die Borgward-Truppe, zwei Lkw und ein Werkstattwagen, werden wegen angeblich unzureichender Papiere an der Grenze aufgehalten und dann noch zwei volle Tage in Saloniki blockiert. Hans Herrmann vermutet heute noch, dass da jemand seine Beziehungen spielen ließ, um der innerdeutschen Konkurrenz das Leben ein bisschen schwerer zu machen ... Wie dem auch sei: Nachdem der Athener Automobilclub gerade mal ein Dutzend Wagen zusammen gekratzt hat, spielt sich in den paar Minuten am griechischen Berg nichts Dramatisches mehr ab: Trips vor Herrmann und Barth. Fritz Jüttner, Mitglied der Versuchsabteilung, ist für den erkrankten Cabianca eingesprungen und kommt auf Platz fünf.

Die Regelung mit den vier Teilnahmen sollte eigentlich den Veranstaltern ausreichende Startfelder sichern. Jetzt führt sie aber dazu, dass nur fünf Fahrer in die Endwertung kommen, und Trips und Barth trotz Einzelsiegen und guter Platzierungen überhaupt nicht berücksichtigt werden: Daetwyler (Maserati) 25,5 Punkte, Herrmann (Borgward) 14, Richard von Frankenberg 9,5, Cabianca (Osca u. Borgward) 7, Buffa (Maserati) 5.

Also geht der Vizetitel an den Stuttgarter, aber als Gesamtbilanz übers Jahr muss man in Bremen zugeben: Die Porsche waren besser.

Ein Tisch, ein Polizist und ein paar Neugierige: würdiger Rahmen für den letzten Lauf zur Europameisterschaft 1957 am Hausberg von Athen, dem Mont Parnès.

60
BORGWARD
Härteste Prüfung im Rennen
ergibt die Bewährung der Serie
BORGWARD
CARL F. W. BORGWARD GMBH · BREMEN

Joakim Bonnier (1930-1972) Stockholm; Familie Eigentümer eines Medienkonzerns; ab 1954 Tourenwagen, dann GT und Sportwagen; 57/58 F1 auf privatem Maserati; 1958 Borgward; 1959 in Zandvoort der erste Sieg für BRM in einem WM-GP; für Porsche Siege Targa Florio 1960 und 63; 1960-71 F1 mit mäßigem Erfolg; 1966 Sieg 1000 km Nürburgring (Chaparral); 1972 tödlicher Unfall in Le Mans.

1958: Voller Einsatz

Auf ein Neues bei der Bergmeisterschaft, aber das Team tritt jetzt auch bei einigen Rundstreckenrennen an. Man verpflichtet als Fahrer den Schweden Joakim Bonnier, der bereits Grand-Prix-Erfahrung hat, den jungen Stuttgarter Eberhard Mahle, und Fritz Jüttner darf jetzt mehrfach ans Steuer. Deutliches Zeichen für das erhöhte Engagement der Bremer. Sie treten jetzt meistens mit drei Fahrzeugen an. Auch das Porsche-Team wurde verstärkt durch den temperamentvollen Südfranzosen Jean Behra, der im letzten Jahr noch in der Maserati-Mannschaft mit Weltmeister Fangio war.

Der erste Lauf zur Europameisterschaft in Griechenland, wieder am Hausberg von Athen, findet genau so wenig Resonanz wie einige Monate zuvor: wieder Trips vor Herrmann. Ein Kommentar vermerkt sarkastisch: Man hätte – mit erheblich weniger Aufwand – die Motoren auf den Prüfstand stellen können und die beiden Piloten einen Wettlauf machen lassen.

Zum Auftakt 1958 wieder ein Rundstreckenrennen: Flugplatz Wien-Aspern, #20 Hans Herrmann vor Heini Walter, Basel (Porsche). Der Schweizer wird 1960 und 1961 Europa-Bergmeister werden.

Borgward nimmt auch am Flugplatzrennen in Wien-Aspern teil, aber der erste Rang für Hans Herrmann ist nicht allzu viel wert. Daneben waren nur Privatfahrer am Start, keine Porsche-Werkswagen.

Die große Bewährungsprobe wird dagegen das 1000 km-Rennen auf dem Nürburgring: Nach vier Jahren stellt sich Borgward wieder in einem Weltmeisterschaftslauf. Man unternimmt ausgedehnte Testfahrten auf dem Ring und glaubt sich dadurch gut gerüstet. Es gehen an den Start Bonnier/Herrmann als Spitzenteam, Schulze/Jüttner und Cabianca/Mahle. Diesmal ist sogar der Carl F. W. Borgward mit seiner Familie zum Rennen gekommen.

1000 km-Rennen am Nürburgring. Nach der Abnahme werden die Fahrzeuge gestempelt. Striche und Punkte in verschiedenen Farben sollen den Zuschauern helfen, die verschiedenen Klassen zu unterscheiden.

Eberhard Mahle (1933)
Stuttgart; Familie Kolben-Mahle, Motorsport ab 1954 mit DKW, ohne Unterstützung; 1957 Deutscher Meister GT 1300 auf Alfa Romeo; 1959 Deutscher Bergmeister auf Volvo; Einsätze auf Porsche (2. Platz Targa Florio), Abarth und Mercedes; zahlreiche Rennen mit 300 SL; 1964 schwerer Unfall mit Go-Kart durch Bremsversagen; 1966 erster GT-Europa-Bergmeisterschaft, mit Porsche 911.

Fritz Jüttner (1930-1985)
Breslau; ab 1948 Lehre Kfz-Mechaniker bei Borgward, ab 1952 in der Versuchsabteilung und bei den Rennen, auch in Mexiko; Wettbewerbe mit Borgward Isabella, 1957 und 1958 auch RS; 1959 Betreuung des Cooper-B. F2; in 60er-Jahren Abarth GT, 1966 bei 1000 km Nürburgring schwerer Unfall durch Kollision. Ab 1967 Leiter BOSCH-Renndienst; Oldtimer-Fahrten mit seinem restaurierten RS.

Rechte Seite oben: Der Wagen mit der leichten Elektron-Karosserie wird hier zum ersten Mal eingesetzt, ihn erhält das Team Cabianca/Mahle.

Rechte Seite unten: Giulio Cabianca in der kahlen Kalksteinwüste am Gipfel des Mont Ventoux.

Der beste Porsche (Behra) steht hinter den Ferrari (darunter Hawthorn) und Aston Martin (dabei Moss und Vorjahressieger Brooks) auf Startplatz sechs, der beste Borgward (Herrmann) auf Platz acht. Das lässt hoffen – aber der Stuttgarter muss seinen Wagen schon in der zweiten Runde mit Hinterachsschaden ausrollen lassen. Er übernimmt dann das Fahrzeug von Schulze – und kommt wenige Runden später an die Box: Kupplungsschaden! Jetzt wird das deutsch-schwedische Team auf den letzten, den Cabianca-Wagen gesetzt – und auch dieser Trip endet nach Runde 29: defekte Stoßdämpfer. Die Enttäuschung für Team und Familie muss bitter gewesen sein.

Berichterstatter Günther Molter versucht zu trösten (AMS): „Borgward hatte sich mit großer Sorgfalt vorbereitet ... Die Bremer sollten sich nicht entmutigt zeigen ..." Aber wahrscheinlich wirkt dieses Erlebnis bei Carl F.W. Borgward besonders nachhaltig, der dem Renn-Engagement seiner Firma schon länger distanziert gegenübersteht, .

Derartiges Missgeschick – dass manchmal trotz sorgfältiger und umfangreicher Vorarbeit alles schief geht – kann auch andere, renommierte Firmen treffen. Beispiel Porsche: Das Werk liegt im Jahr 1960 nach zwei Siegen (Sebring und Targa Florio) in der Punktwertung der Sportwagen-Weltmeisterschaft vor Ferrari. Der letzte Lauf muss die Entscheidung bringen, die 24 Stunden von Le Mans. Und gerade dort, wo die Wagen immer wieder durch ihre

Start! Die beiden Borgward (#23 Herrmann, #24 Schulze) eingerahmt von Ferrari: #5 Werkswagen L. Musso, #15 ein Privater aus Finnland und #12 Erwin Bauer in dem Testa Rossa, mit dem er am Ende so tragisch verunglücken wird. Der dritte Borgward steht noch vor dem Conti-Turm.

34
34

HB-DY 909

Maurice Trintignant (1917-2005) (Provence) Motorsport ab 1938 mit einem Bugatti; F1 ab 1950, meist auf Gordini; 1954-56 Werksfahrer Ferrari: Sieg mit F. Gonzalez in Le Mans; Siege GP Monaco 1955 (Ferrari) und 1958 (Cooper); Sportwagen: 1956 Sieg GP Schweden; Einsätze auch für Porsche; F1 bis 1964, insgesamt 82 GP; danach Weinbauer in Vergèze (Dép. Gard) und dort auch Bürgermeister.

Gaisbergrennen: Joakim Bonnier erhält nach seinem Erfolg am Schauinsland das Elektron-Fahrzeug (oben). Wolfgang Graf Berghe von Trips mit dem Porsche RSK in derselben Kurve. Nach drei Siegen wird er überlegen Europa-Bergmeister 1958.

Standfestigkeit überzeugt haben, fällt einer nach dem anderen aus, und es reicht nur zu Platz 10. Aus der Traum ...

Der weitere Verlauf der Bergmeisterschaft kann eher knapp resümiert werden. Mont Ventoux (F): Jean Behra siegt auf seiner Hausstrecke. Bei den Borgward-Motoren funktioniert in der dünnen Luft die Höheneinstellung nicht richtig: nur Platz vier und sechs. Monte Bondone (I) und Gaisberg (A): in beiden Fällen wieder Trips – und am Ende der Saison ist er zu recht der neue Europameister. Ollon-Villars (CH): Sieger Barth. Anzumerken: In diesem letzten Lauf steuert ein seit Jahren auf allen Strecken bewährter Pilot einen Borgward, der Fanzose Maurice Trintigant. Allerdings wird durch einen überraschenden Wettereinbruch das Gesamtergebnis völlig verzerrt.

Das Rennen am Schauinsland verdient ein paar Worte mehr. Allgemein ist man zuvor der Ansicht, dass jetzt endlich Hans Herrmann ein Meisterschaftsrennen gewinnen wird. Der Wagen ist erprobt, und vor allem verfügt der Stuttgarter über die beste Streckenkenntnis; das spielt bei den kurzen Bergrennen bekanntlich eine große Rolle. Er war schon 1953 und 1957 hier am Start, während Bonnier, Behra und Trips mit der Piste noch nicht vertraut sind. Herrmann fährt die beste

Trainingszeit: Fast eine halbe Minute schneller als der Streckenrekord, den Bernd Rosemeyer 1936 realisiert hatte, auf dem Auto Union-Boliden mit rund 500 PS! Was die Konkurrenten ziemlich beunruhigt: Er ist nämlich bekannt dafür, dass er im Training noch nicht alle Karten aufdeckt, um im entscheidenden Lauf dann

Hans Herrmann startet am Schauinsland als Favorit, hat aber in beiden Läufen Pech. Stehend mit weißem Helm der spätere Sieger Bonnier.

Links: Blick ins Cockpit des Porsche RSK.
Rechts: Gleicher Blick beim Borgward RS.

entsprechend zulegen zu können. Wenn er also jetzt schon so schnell da hochdüst, was wird er dann erst im Rennen ...? Und in der Tat ist er im ersten Lauf sehr flott unterwegs – da wird ihm, weil Barth kurz zuvor verunglückt ist, die gelbe, dann die rote Flagge gezeigt. Er hält fast an, erreicht aber trotzdem noch eine gute Zeit. An sich wäre es angemessen, ihn den Lauf wiederholen zu lassen, aber Teamführer Büchner kann sich bei der Rennleitung nicht durchsetzten. Wird es der Stuttgarter durch den zweiten Lauf doch noch schaffen? Die Zuschauer jubeln ihm zu, feuern ihn an – da schlitzt er sich in einer engen Kurve an einem Felsbrocken den Vorderreifen auf und rollt mit einem Plattfuß durchs Ziel. Weil auch Trips von der Strecke gerutscht ist – die Porsche-Leute standen offenbar ziemlich unter Druck – gewinnt Bonnier. Der Pechvogel des Tages kommt so nur auf Platz drei und muss sich mit einem Marzipan-Rennwagen trösten lassen. Immerhin: Endlich hat die Borgward Werbeabteilung wieder eine Möglichkeit, schöne Siegesplakate anzufertigen.

Gesamtergebnis in der Europameisterschaft : Graf Trips nach drei Siegen 38 Punkte, Bonnier 31 Punkte, Herrmann 30 Punkte, Barth 29 Punkte.

Zwei weitere Duelle zwischen den beiden deutschen Rennteams finden auf Rundstrecken statt: Das Rahmenrennen zum Großen Preis auf dem Nürburgring und der Preis von Berlin auf der Avus. Der Wettbewerb auf der Nordschleife endet mit einem kuriosen Ergebnis: Behra vor Bonnier, Barth, Herrmann, de Beaufort und Jüttner, also bunte Reihe Porsche, Borgward, Porsche bis zu Platz sechs. Die Wagen aus Zuffenhausen haben jeweils die Nase vorn.

Für die Hochgeschwindigkeitsbahn in Berlin verbessern die Bremer die Frontpartie ihrer Wagen und rüsten sie nach dem Entwurf von Prof. Henrich Focke mit einem Aufsatz auf dem Heck aus, von den Journalisten kurzerhand „Rucksack" genannt. Die senkrechte Abreißkante verbessert die Aerodynamik. Im zweiten Lauf liefern sich Behra, Bonnier und Masten Gregory (auf einem

Rechte Seite: Die Borgward-Squadra am Nürburgring, beim Training. Durch die Zulassungsschilder sind die Wagen gut zu identifizieren. Hinten das Elektron-Fahrzeug, das Bonnier im Rennen vor dem GP steuern wird, aber mit #35.

Links: Traditionell werden die Fahrer am Schauinsland auf der Rückfahrt nach Ende des Rennens an der Holzschlägermatte von den Zuschauern begrüßt. Der kühle Schwede transportiert gelassen seinen Siegerkranz auf dem Beifahrersitz.

36
HB-EA 178
34
HB-DY 909
35
HB-DY 908

F2-Porsche) über die gesamte Distanz einen Rad-an-Rad-Kampf, den der Franzose nur um einen Wimpernschlag vor dem Schweden gewinnt. Richard von Frankenberg titelt: „Das schönste Rennen des Jahres."

Am Ende der Saison teilt das Bremer Unternehmen mit, dass man sich nicht weiter an Wettbewerben beteiligen wird, aber die leistungsfähigen Motoren britischen Teams für den Einsatz in Rennen der Formel 2 zur Verfügung stellt.

Weshalb waren die Borgward-Fahrzeuge trotz der guten Motoren nicht erfolgreicher? Die Porsche-Renner entschieden den Wettkampf fast immer für sich, wenn auch manchmal nur knapp. Dass die Silberlinge aus Bremen in der

Die drei RS wurden für die Hochgeschwindigkeitsstrecke in Berlin aerodynamisch verbessert: vorne schmalerer Lufteinlass und auf dem Heck ein „Rucksack". Links E. Mahle; rechts, im Mantel, der Rennfahrer Graf de Beaufort, NL.

englischen Presse als „Porsche-hunter" (Porsche-Jäger) bezeichnet werden, drückt Anerkennung und Rangordnung aus. Vor allem in der Straßenlage, im Fahrverhalten, waren sie ihren Konkurrenten aus Zuffenhausen immer unterlegen. Und sie waren zu schwer. Im Jahr 1958 soll die Differenz – so weit Angaben verfügbar sind – rund 90 Kilogramm ausgemacht haben. Auch die Elektron-Karosserie, mit der man ein Fahrzeug ausstattete, änderte daran nichts Wesentliches.

Aber es gibt noch einen weiteren, tiefer liegenden Grund. Der Mann an der Spitze, Carl F. W. Borgward, sah das Renn-Engagement

Rechts: Die Zeichnung mit den Wagen in der Form von 1954 für das Avus-Rennens stammt von Walter Gotschke.

Unten: Die Nordkurve der Avus besaß keine Schutzbegrenzung. 1956 war Richard von Frankenberg mit einem Porsche Prototyp darüber hinaus geflogen. Er wurde aus dem Sitz geschleudert und konnte überleben.

Eberhard Mahle in der steilen Avus-Nordkurve. Der Belag aus Ziegeln war bei Nässe hoch gefährlich. 1959 kam hier Jean Behra auf einem Porsche RS ins Rutschen, wurde gegen einen Fahnenmast geschleudert und war sofort tot.
Unten: Kampf um jeden Meter bis zum Ziel. In der Avus-Südkurve: #34 Behra (Porsche), #31 Bonnier und #9 Masten Gregory, USA (Porsche F2).

in seinem Unternehmen, das vom Kleinwagen bis zum Lastwagen eine reiche Palette anbot, immer nur als Nebenbeschäftigung an, als eine Art Orchideenfach. Wenn es gute Pressemeldungen einbrachte, war das willkommen, aber der Aufwand sollte nicht zu hoch werden. Die Männer in der Versuchsabteilung wurden all die Jahre sehr knapp gehalten und mussten sich vom Firmenchef auch schon mal anhören: „Durch Rennerfolge verkaufe ich kein Fahrzeug mehr als zuvor." Dagegen war bei dem Sportwagenproduzenten in Zuffenhausen der Rennsport schon immer Teil des Selbstbildes: Er steckte in den Genen, man betrieb ihn mit Herzblut, scheute weder Kosten noch Mühen. Das wirkte sich natürlich aus.

BORGWARD
BORGWARD
20
Im Rennen gereift -
BORGWARD - Automobile

1959: Erfolg und Ende

Das Potenzial des avantgardistischen Brandt-Motors war auch im Ausland erkannt worden. So erprobt im November 1958 Stirling Moss den Sportwagen auf dem GP-Kurs in Zandvoort (Niederlande) und ist von der Leistungsfähigkeit des Triebwerks sehr beeindruckt. Danach bemühen sich gleich zwei britische Rennteams darum, es in der folgenden Saison bei Rennen der Formel 2 einsetzen zu können. Als Fahrwerk stehen die Cooper zur Verfügung, die – befeuert durch den Coventry Climax – bereits deutlich gezeigt haben, dass dem Konzept Mittelmotor, also das Triebwerk hinter dem Piloten angeordnet, die Zukunft gehören wird.

So treffen in Bremen Anfragen von zwei Seiten ein. Zunächst von dem Team „British Racing Partnership" (BRP), gegründet von Männern, die Stirling Moss nahe stehen: seinem Vater Alfred Moss und seinem Manager Ken Gregory. Nicht zu verwechseln mit dem Rennstall „British Racing Motors" (BRM). Daneben will auch Rob Walker, Erbe des schottischen Whisky-Imperiums Johnnie Walker, einen Cooper-Borgward an den Start bringen. Im Januar 1959 wird ein Vertrag über die Lieferung der Motoren und den notwendigen Service unterzeichnet.

Um den Aufbau und die Erprobung eines ersten Wagens kümmert sich in der Rennabteilung des Bremer Werks vor allem Fritz Jüttner, der wieder Testfahrten auf der Autobahn unternimmt. Es gelingt, die Motorleistung auf rund 160 PS zu steigern. Er betreut später die Fahrzeuge auch in England.

Stirling Moss beginnt auf dem Walker-Wagen gleich mit einem eindrucksvollen Sieg beim Großen Preis in Syrakus, der zwar nicht zur Weltmeisterschaft zählt, aber traditionell gut besetzt ist.

Danach geht es für ihn Schlag auf Schlag: Erfolge in Reims, in Rouen und in Clermont-Ferrand. Vier Starts und vier Siege! Besonders in Reims können die Zuschauer beim wichtigsten Formel 2-Rennen des Jahres ein spannendes Spitzenduell erleben: ständiger Führungswechsel zwischen Stirling Moss und Hans Herrmann, dem Jean Behra das Fahrzeug anvertraut hat, das er in Italien auf Porsche-Basis herstellen ließ.

Linke Seite: Stirling Moss testet den RS (Elektron-Wagen in der Avus-Form) auf dem Kurs in Zandvoort. Sein Urteil – „Gut geeignet für Einsatz in der F2" – wird sich als zutreffend erweisen.
Rechts: Der Cooper-Borgward fährt 1959 in der Formel 2 eine ganze Serie von Siegen und Podiumsplätzen ein. Er erhält von der FIA den Pokal „Coupe des Constructeurs". Foto: Moss in Clermont-Ferrand.
Unten: In Reims das spannendste F2-Rennen des Jahres: Spitzenduell zwischen Stirling Moss (Cooper-Borgward) und Hans Herrmann (Porsche-Behra).

Am Ende des Jahres wird dem Cooper-Borgward vom internationalen Dachverband in Paris (FIA) der Pokal „Coupe des Constructeurs" für Rennwagen der Formel 2 zuerkannt: Manchmal auch „Weltmeisterschaft" genannt, obwohl kein Lauf außerhalb von Europa stattfindet. Zum Jahresabschluss gönnt man sich noch einen Ausflug nach Südafrika.

Stirling Moss erinnert sich: *„Formula 2 didn't mean much to me until I got into the Borgward-engined Cooper for 1959 ... A very fine little Championship-winning Formula 2 car with a particularly good fuel-injected German engine which was more powerful than the usual Coventry Climax ..."* (My Cars, My Career, 1987). (Die Formel 2 bedeutete mir nicht viel, bis ich 1959 in den Cooper mit Borgward-Motor stieg ... Ein sehr feines, kleines, die Meisterschaft gewinnendes Formel-2-Auto mit einem besonders guten deutschen Einspritz-Motor, der leistungsstärker als der übliche Coventry Climax war ...).

Eine Erfolgsgeschichte, die leider keine Fortsetzung erleben sollte. Die Motoren hätten in Bremen weiter betreut und fortentwickelt werden müssen – aber dafür ist Firmenchef Carl F. W. Borgward der Aufwand zu hoch: Die finanziellen Schwierigkeiten seines Unternehmens sind bereits zu spüren. So muss auch die Frage offen bleiben, was das Brandt-Triebwerk ab 1961 auf Formel 1-Niveau hätte leisten können. Es ging ihm ähnlich wie dem fortschrittlichen Formel-Rennwagen, den Ferdinand Porsche unmittelbar nach dem Krieg für das italienische Unternehmen Cisitalia entworfen hatte. Beide müssen zu den technischen Meisterstücken gezählt werden, die, durch wirtschaftliche Umstände gehindert, nie ihr volles Potenzial entfalten konnten.

Die Technik der Rennsportwagen

Name	August Momberger
Geb.-gest.	1905-1969
Ausbildung	Ingenieur Polytechnik Darmstadt
Stationen	NSU, Steyr, Auto Union AG Chemnitz und Siegmar
Inka Goliath	ab Gründung 1.7.1948 ab 1.7.1950 bis 1/1958
als	Technischer Direktor
Nach 1958	1958 Ford, 1959 Henschel, 1964 P.I.V.

Der Inka-Rekordwagen

Der Hansa 1500

Der II. Weltkrieg war vor vier Jahren beendet worden. Im Juni 1948 hatten die amerikanischen, englischen und französischen Militärregierungen in den drei Westzonen Deutschlands die Reichsmark-Währung auf die Deutsche Mark (DM) umgestellt. Im März 1949 präsentierte Borgward auf der Schweizer Messe „Automobilsalon Genf" als erste deutsche Automobilfabrik einen neuen Personenwagen, der nicht auf den Vorkriegstypen fußte. Dieses Fahrzeug besaß einen Otto-Motor mit 1,5-Liter-Hubraum und einer Leistung von 48 PS.

Der Verkauf des modernen Fahrzeugs lief schleppend, denn die wenigsten Deutschen konnten sich Autos leisten. Diejenigen, die die nötige DM-Kaufsumme aufbrachten, entschieden sich 1949 aber nicht für Borgward, sondern für VW (Produktion 1949 annähernd 47.000 Fahrzeuge), Opel (28 000), Mercedes 170 (17 000) und Ford (11 000). Borgward produzierte lediglich 1150 Wagen.

Carl F. W. Borgward wusste um die Werbewirkung von Motorsporterfolgen. So ließ er sich im Sommer 1949 auf einen Vorschlag des ehemaligen Leiters der Auto Union-Motorsport-Abteilung und mittlerweile Chefs der Inka GmbH (Ingenieur-Konstruktions-Arbeitsgemeinschaft), August Momberger, ein. Dieser hatte festgestellt, dass eine Reihe internationaler Rekorde von einem Hansa 1500 gebrochen werden könnten, wenn man den Wagen mit einer aerodynamisch günstigen Karosserie versehen und die Leistung des Motors erhöhen würde.

Hansa 1500

Die Momberger-Mannschaft

Momberger arbeitete für die Auto Union A.G. (AU, Zusammenschluss der Unternehmen Audi, DKW, Horch und Wanderer im Jahr 1932) in Chemnitz, die nach Opel zweitgrößter Automobilhersteller Deutschlands war. 1934 entstand eine Werksportabteilung, die der auch als Rennfahrer bekannte Momberger leitete. Diese Abteilung kümmerte sich nicht um die Grand Prix-Rennen, sondern um die Zuverlässigkeitsfahrten. Sie setzten bei den Gelände-Wettbewerben DKW- und Wanderer-Fahrzeuge mit speziellen Karosserien ein. Für die Fernfahrten in der Saison 1938 entwickelte die AU sehr leichte und mit einem windschnittigen Aufbau versehene Wanderer-Sportwagen (W25 Stromlinie spezial). Bei dem Wettbewerb Lüttich-Rom-Lüttich 1938 schieden die Wanderer aus, gewannen aber ein Jahr später den Mannschaftspreis.

Während des Kriegs gehörte Momberger zur Leitung der Motoren-Produktion für die Panzer Tiger I und Panther des Werks Siegmar. Später gehörte er zum Vorstandssekretariat der technischen Werkleitung.

Für die Zeit ab Kriegsende im Mai 1945 liegen keine Informationen vor. Momberger taucht erst wieder um 1948 auf, als er das „Zentraldepot für Kfz-Ersatzteile" in Oldenburg (ca. 40 km westlich von Bremen) und das Inka-Ingenieurbüro in Hude (zwischen Oldenburg und Bremen) gründete. Sein Ziel war die Nachfertigung von DKW-Ersatzteilen durch die Inka. Die Herstellung sollte im Motorenwerk Varel (am Jadebusen) und der Vertrieb über das Zentraldepot erfolgen. DKW-Ersatzteile wurden massenhaft benötigt, weil die Wehrmacht die DKWs wegen ihres Frontantriebs im Krieg nicht eingezogen hatte, sodass sie im Nachkriegs-Deutschland zahlreich vorhanden waren.

Ihm zur Seite stand der Ingenieur Martin „Flock" Fleischer. Dieser hatte den Beruf des Maschinenbauers von der Pike auf erlernt: Dreher, Hobler, Studium, Detail-Konstrukteur bei Daimler-Benz in Stuttgart, Versuchsleiter im BMW-Fahrzeugwerk Eisenach sowie 1. Konstrukteur und Gruppenführer bei der Auto Union AG in Chemnitz. Ab Oktober 1945 arbeitete er in den Nachfolgebetrieben der AU ebenfalls in Chemnitz. Im Sommer 1948 flüchtete er zusammen mit dem Einfahrer Heinz Meier nach Westdeutschland und wurde Mitgesellschafter der Inka GmbH.

Manager Momberger und Chefkonstrukteur Fleischer (Spezialgebiet Fahrwerke) suchten weitere AU-Fachleute, die durch die Ereignisse in der sowjetisch besetzten Zone in alle Winde verstreut waren. Sie entdeckten den Getriebe- und Motorenkonstrukteur Dipl.-Ing. Joachim Keibel in Kiel. Dazu gesellten sich die Versuchsfahrer Walter Fritzsching und der Motorenkonstrukteur Dipl.-Ing. Alfred Kayser. Insgesamt bestand die Inka-Mannschaft aus 14 Personen, davon 6 Konstrukteure.

Name	Martin „Flock" Fleischer
Geb.-gest.	1907-1969
Ausbildung	Dreher, Hobler, Ingenieurausbildung Staatl. Württemberg. Höhere Maschinen-Bauschule Eßlingen
Stationen	u. a. Konstrukteur bei Daimler-Benz AG, BMW Eisenach. Auto Union AG Chemnitz
Inka	1.10.48
Goliath	ab 1.7.1950
als	Chefkonstrukteur
1961	Borgward-Chefkonstrukteur ab 30.11.61 BMW

Oben links: Graf Carl Max von und zu Sandizell am Lenkrad eines Gelände-Wanderers. Links am Wagen steht der Leiter der AU-Sportabteilung August Momberger. Ganz links ist vermutlich Wilhelm Büchner zu sehen, der seit 1936 bei Borgward beschäftigt war und nach dem Krieg die Versuchsabteilung im Werk Bremen-Sebaldsbrück leitete.

„Flink", der Fahrrad-Hilfsmotor der Inka GmbH.

Als die ehemaligen AU-Mitarbeiter Chemnitz verließen, nahmen sie viele technische Zeichnungen mit, damit sie nicht „den Russen" in die Hände fielen. Das Wissen in den Köpfen und auf den Blaupausen war das Kapital, das den Start in eine bessere Zukunft ermöglichen sollte.

Aber es gab einen Rückschlag. Die Herstellung der DKW-Ersatzteile durfte vermutlich auf Druck der Auto Union AG, die von Chemnitz nach Ingolstadt verlegt worden war, nicht anlaufen. Daraufhin konzentrierte sich das Team auf die Konstruktion eines Fahrrad-Hilfsmotors und eines Kleinwagens. Beide Produkte sollten ebenfalls vom Motorenwerk Varel gebaut werden.

Mit seinen 43 cm^3 Hubraum und einer Leistung von 1 PS beschleunigte der über dem Vorderrad angebrachte Hilfsmotor ein Fahrrad auf 30 km/h. Der „Flink" genannte Antrieb ging im Sommer 1950 in die Serienfertigung.

Vermutlich über den Leiter der Borgward-Versuchsabteilung, Wilhelm Büchner, erhielt Momberger Zugang zu Carl F. W. Borgward, dem die Idee des Kleinwagens gefiel. Er beauftragte das Inka-Team, das Fahrzeug serienreif zu entwickeln. Die Karosserie entwarfen Borgwards angestellte Stilisten Hermann Lünsmann und Hermann Böse, die schon den Aufbau des Hansa 1500 konstruiert hatten. Als Lloyd 300 ging das Fahrzeug 1950 in Produktion. Holzkarosserie mit Kunstlederbezug, 2-Zylinder-2-Taktmotor, Frontantrieb und viele Fahrwerk-Details konnten die DKW-Gene nicht verbergen.

Der von der Inka konstruierte Kleinwagen Lloyd LP 300.

Chassis und Serienmotor 4 M 1,5 des Hansa 1500. Hier sieht man deutlich die „O-Beine" der Pendel-Hinterachse. Erst wenn die Karosserie montiert ist, kommen die Räder in eine annähernd senkrechte Stellung.

Name	Karl-Ludwig Brandt
Geb.-gest.	1907-1990
Studium	Maschinenbau HB
Stationen	Hansa-Lloyd, Goliath, 1936 Argus, 1939 BMW
Borgward ab	1943
als	Motorenkonstrukt.
Nach 1961	Rheinstahl Hanomag

Der Hansa 1500 Rekordwagen 1950

Im Sommer 1949 stellte Borgward der Inka ein Hansa 1500-Fahrwerk zur Verfügung. Momberger hatte die Daten des Wanderer W25 Stromlinie spezial noch im Kopf. Mit einer Leistung von rund 60 PS[1] erreichte der Wagen 1938 eine Höchstgeschwindigkeit von 160 km/h. Der internationale Geschwindigkeitsrekord in der 1,5-Liter-Klasse betrug 164,7 km/h auf einer Strecke von 1000 Meilen. Die Spitzengeschwindigkeit des Borgward-Rekordwagens musste also ca. 185 km/h betragen. Momberger kalkulierte zwar mit einer verbesserten Aerodynamik (Ein- statt Zweisitzer, Veränderung der Windschutzscheibe), benötigte aber dennoch einen getunten Motor mit einer Leistung von 70 PS, um die geforderte Geschwindigkeit zu erreichen.[2]

Der Motor

Borgwards Motorenkonstrukteur Karl-Ludwig Brandt holte aus dem Hansa 1500-Standard-Triebwerk (Typ 4 M 1,5) 66 PS heraus.

1 Kieselbach, Ralf J. F.: Stromlinienautos in Deutschland, S. 153, Stuttgart, 1982
2 Ing. Heinrich Völker rechnete das 2004 nach und kam auf 64,8 PS, allerdings ohne Berücksichtigung, dass der Rollwiderstand mit der Geschwindigkeit zunimmt. Heinrich Völker: Silberpfeile aus Bremen, Seite 16, Bremen, 2004

Eine höhere Verdichtung (von 6,3 auf 7,2 : 1), größere Einlassventile (Kegel-Ø statt 33 nun 35 mm) und ein zweiter Vergaser (Solex 32 PBI Fallstrom) ermöglichten diese Leistungsausbeute. Carl F. W. Borgward nutze das neue Aggregat und bot es ab dem Frühsommer 1950 im Hansa 1500 Sportcabriolet an, von dem aber nur 280 Stück gebaut wurden . Dieser Motor sollte auch den Rekordwagen beflügeln und mit Rennbenzin sowie einer auf Leistung ausgelegten Vergaserabstimmung die notwendigen 70 PS erzeugen.

Linke Seite: Das Hansa 1500 Sportcabriolet besaß einen um 200 mm verkürzten Radstand gegenüber dem Standard-Hansa (2600 mm) und dem Tourencabriolet (Hersteller Hebmüller).

Rechts: Hansa 1500-Serienmotor.

Unten: Über die beiden Blechgehäuse und die Rohrleitungen saugte der Motor die Luft an (linkes Foto). Interessant ist die Verlegung der Einlassöffnungen in die Kühlluftöffnung (Foto rechts). Durch die Anordnung erhöhte sich je nach Geschwindigkeit der Luftdruck und damit die Luftmenge für den Motor. Ob diese Art der Aufladung Einfluss auf die Leistung hatte, mussten die Testfahrten zeigen. Das Ergebnis ist nicht bekannt.

Name	Johannes Rudy
Geb.-gest.	1910-1988
Ausbildung	Karosserieklempner im Rembrandt-Werk Delmenhorst, Meister
Stationen	Danziger Karosseriewagen-Fabrik Zoppot, Borgward & Tecklenborg, 1933 Horch-Werke Zwickau, 1936 Weser-Flugzeugbau Bremen Werk Delmenhorst, 1945 Soldat
Rudy Karosseriebau	selbstständig, Karosseriebau, Aufträge von Borgward, Goliath, Lloyd, Amphicar, NWF. Arbeiten für die Raum- und Luftfahrtunternehmen
Betriebsende	1976

Die Karosserie

Doch zurück ins Jahr 1949. Momberger wollte „das Rad nicht ein zweites Mal erfinden" und passte den Aufbau des Wanderers mit Hilfe von Karosseriebauer Johannes Rudy dem Hansa-Fahrwerk und der Rekordfahrt an. So ersparte er der Inka viel Konstruktionsarbeit. Die aerodynamische Qualität des Leichtmetallaufbaus und den Rollwiderstand untersuchten Momberger und Fleischer mit Schlepp- und Ausrollversuchen.

Die Karosserie entstand aus Alu-Blechen in Rudys Karosseriebau-Betrieb in Delmenhorst (Düstern Ort, Moorkampstraße).

Wanderer W 25 Stromlinie spezial.

Die Ähnlichkeit zwischen dem Inka-Rekordwagen (Fotos) und dem Wanderer W 25 Stromlinie spezial kam nicht von ungefähr.

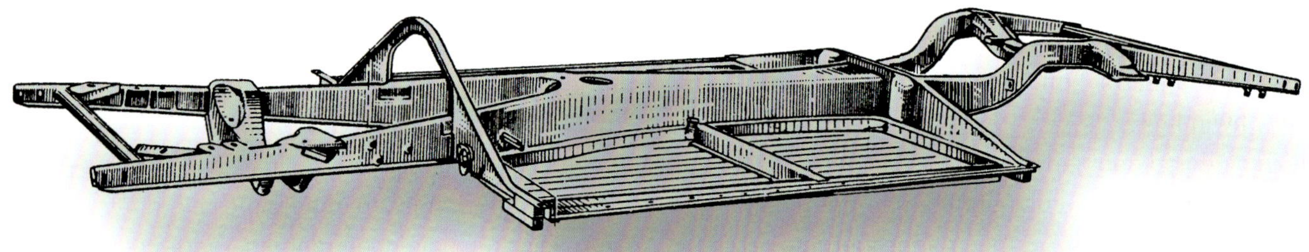

Der Rahmen des Hansa 1500.

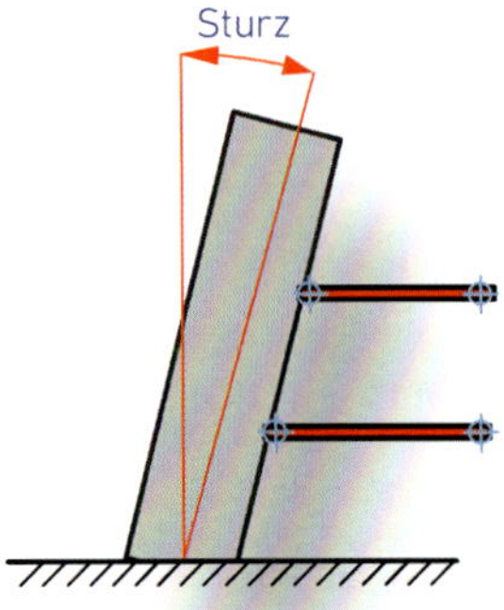

Der Sturz ist die Abweichung der Radebene von der Senkrechten (gemessen in Winkel-Grad).

Links: Der Radstand (gemessen, wie im Maschinenbau üblich, in Millimeter) ist das Maß zwischen den Mittelpunkten der Räder.

Rechts: Die Spur (mm) ist der Abstand zwischen den Mittelpunkten der Aufstandsflächen (Latsch) der beiden Räder einer Achse.

Das Fahrgestell des Hansa 1500 und des Rekordwagens

Für den x-förmigen Rahmen verwendete Borgward Stahlblech-Kastenprofile mit einer Wandstärke von 3 mm sowie ein eingeschweißtes 1 mm-Bodenblech für den Fahrgastraum. Das Bodenblech verstärkte man mit Sicken und Traversen. In der vorderen Gabel befand sich der Motor-Getriebeblock, der in Gummielementen lagerte, um möglichst wenig Vibrationen und Lärm an den Aufbau weiterzuleiten. In der hinteren Gabel saß das Differenzial.

Das Hansa 1500-Fahrwerk eignete sich nur bedingt für Rekordfahrten, da es für eine Maximal-Geschwindigkeit von 130 km/h (+ Sicherheitsreserve) ausgelegt war. Die Straßenlage hätte bei den geplanten 185 km/h des Rekordwagens problematisch werden können.

Während einer Autofahrt ändern sich durch Beschleunigen, Bremsen, Kurven- und Hindernis-Überfahren ständig die angreifenden Kräfte an den Achsen. Es kommt zu andauernden

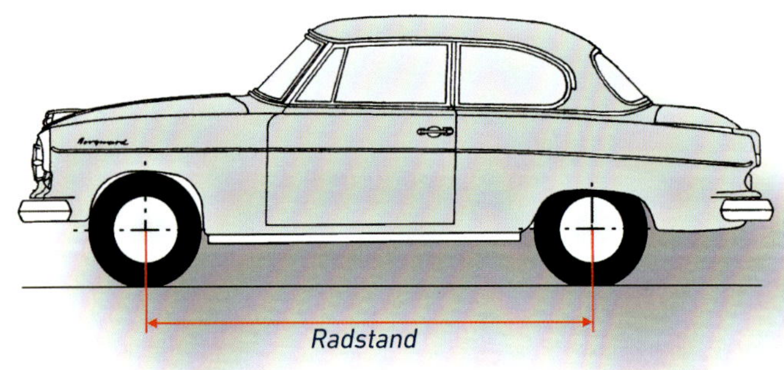

Änderungen der Radstellung, also von Spur, Sturz sowie Radstand. Bei höheren Geschwindigkeiten kann das je nach Achsbauart zu einer flatternden Lenkung, zu trampelnder Antriebsachse, zu mangelnder Richtungsstabilität und im Extremfall zu einem Überschlag führen. Mit diesen Problemen musste sich Martin Fleischer auseinandersetzen.

Die Rekordstrecke in Montlhéry stellte geringe Anforderungen an das Fahrwerk, weil keine waagerechten Kurven gefahren werden mussten. Durch die Steilkurven wurde das Fahrzeug auf die Kurvenbahn gezwungen, obwohl der Fahrer das Lenkrad nach wie vor auf Geradeaus-Kurs hielt.

Der Knackpunkt war die Fahrt in die Steilkurven hinein und aus ihnen heraus. Hier drückt die Normalkraft den Wagen in die Federn bzw. entlastet ihn. Dieser Vorgang ist vergleichbar mit dem plötzlichen Be- bzw. Entladen eines Fahrzeugs.

Die Vorderachse

Anfang der 50er-Jahre bestand die vordere Pkw-Standardachse üblicherweise aus einzeln aufgehängten Rädern, die durch zwei quer liegende Blattfedern oder durch einen dreieckförmigen Querlenker und eine Blattfeder (oben oder unten) geführt wurden (Pendelachse). Beim Hansa 1500 und somit auch beim Rekordwagen befand sich die Querblattfeder unten.

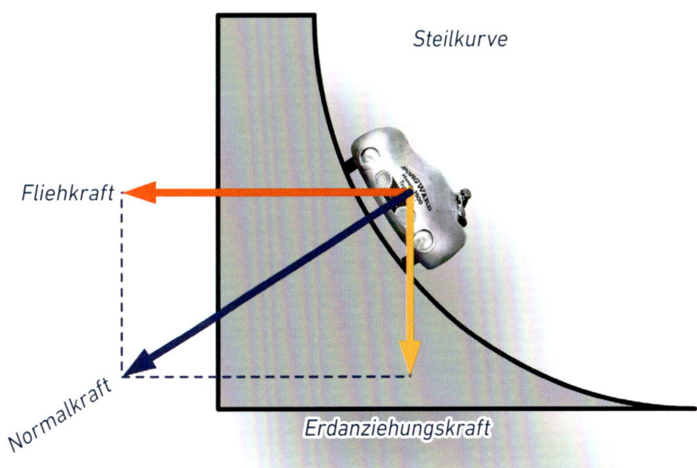

Sobald der Inka-Rekordwagen in die Steilkurve einfährt, drückt ihn die sich aufbauende Normalkraft (blau), bestehend aus Fliehkraft (rot) und Erdanziehungskraft (gelb), in die Federn. Genau das ist der Punkt, an dem es zu unerwünschten Sturz-, Spur- und Radstandsveränderungen kommt.

Die Kurven der Rennstrecke in Montlhéry waren so steil, dass man sie nicht bis zum äußeren Rand erklimmen konnte. V. l.: Fotograf Walter Richleske und die Fahrer Schäufele, Hartmann sowie Brudes.

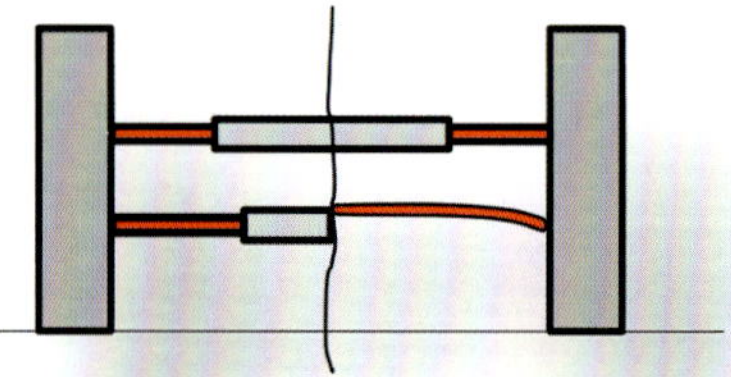

Die Pendel-Vorderachse der Isabella (links) und des Hansa 1500 (rechte Seite) im Normal-Zustand. Die Radführung übernahmen Querlenker (rot), beim Hansa befand sich unten eine Querblattfeder.

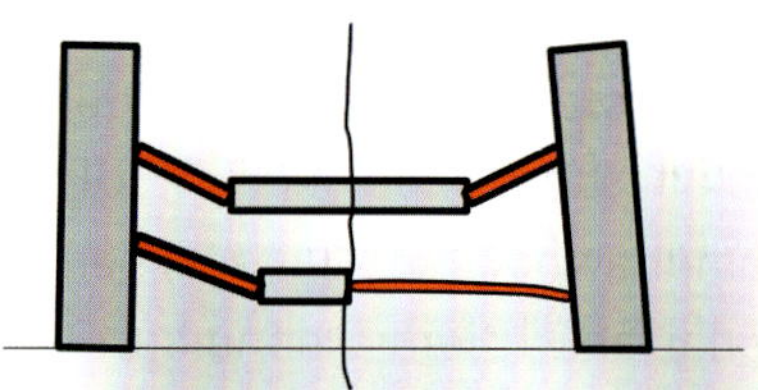

Im eingefederten Zustand längt sich die Blattfeder, was zu einer Veränderung der Spur und des Sturzes führt. Die Isabella-Doppel-Querlenker-Achse (links) weist nur geringe Spur- und Sturz-Änderungen auf.

Hansa 1500/1800 Radaufhängung vorne links.

Das Einfahren in die Steilkurve führt zum Einfedern und damit zur Längung der Blattfeder. Sturz und Spur verstellen sich. Beim Herausfahren erfolgt der umgekehrte Prozess. Dies beeinträchtigt die Lenkung sowie die Richtungsstabilität.

Die Hinterachse

Der Antrieb des Hansa 1500 und des Rekordwagens erfolgte über eine Pendel-Hinterachse.

Die damals häufig eingesetzte Starrachse bestand aus dem Differenzial („Radantriebsgetriebe"), den beiden Rädern, den Achsrohren und den Antriebswellen. Beim Einfedern wurde diese gesamte ungefederte Masse angehoben. Schnelle Federungsbewegungen waren nicht möglich. Das löste in bestimmten Fahrsituationen das Trampeln (ein Rad springt und verliert den Bodenkontakt) und das Springen (beide Räder verlieren den Bodenkontakt) aus. Die Starrachse in der herkömmlichen Ausführung ist für höhere Geschwindigkeiten ungeeignet. Einige Pkw-Hersteller hielten an diesem konventionellen

Fahrtrichtung
Drehachse
Längslenker

Drehachse
Schräglenker

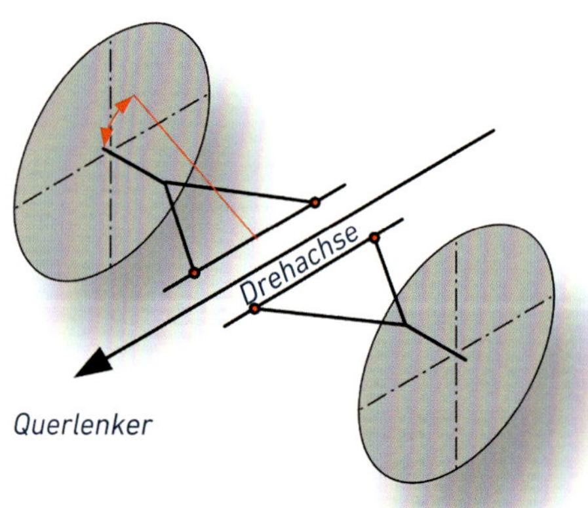

Achstyp noch lange fest (Ford, Opel; Volvo sogar bis Ende der 90er-Jahre). Im Lkw-Bereich besitzt die Starrachse aufgrund der geringen Geschwindigkeiten ihre Berechtigung.

Borgward bevorzugte bei seinen Personenwagen auch an der Hinterachse eine Pendelausführung. Das Differenzial war am Fahrzeugrahmen befestigt. Durch die Trennung des Differenzials vom Achskörper wog die ungefederte Masse (Rad, Hinterachsrohr) wesentlich weniger gegenüber der Starrachse. Der Kontakt der Reifen zur Straße war erheblich besser.

Die hintere Radführung beim Hansa 1500 und beim Inka übernahmen Schräglenker und eine Querblattfeder. Der Radmittelpunkt führte beim Federn eine gekrümmte Kurvenbewegung aus, die durch die senkrechte Führung der Blattfeder sowie die kreisförmige des Schräglenkers bestimmt war. Damit sich die auf verschiedenen Bahnen ablaufenden Bewegungen nicht gegenseitig blockierten und auch um die Reifen-Abrollgeräusche von der Karosserie zu isolieren, lagerte der Schräglenker in elastischen Gummiformteilen.

Der Nachteil der Pendelachse bestand aus der großen Spur- und Sturzveränderung beim Federn. Das konnte bei hohen Geschwindigkeiten zu einer schlechten Richtungsstabilität und in Kurven sogar zum Überschlag führen. Inka-Fahrgestell-Konstrukteur Fleischer kannte die Schwierigkeiten der Achskonstruktionen. Für den Hansa 1500 wirkten sich diese Probleme wegen der geringen Höchstgeschwindigkeit nicht aus. Der Rekordwagen musste aber mindestens 185 km/h schaffen. Da konnten sich die konstruktiven Nachteile der Achsen schon bemerkbar machen.

Fleischer legte deshalb die Federung für den Rekordwagen sehr hart aus, um kurze Federwege zu erreichen. Gummianschläge begrenzten den Federweg zusätzlich. Deshalb hielten sich Veränderungen von Sturz, Spur sowie Radstand beim Ein- bzw. Ausfedern in engen Grenzen. Allerdings dürfte es trotzdem kein großes Vergnügen gewesen sein, vier Stunden am Stück mit dem fast ungefederten Fahrzeug die Runden zu drehen.

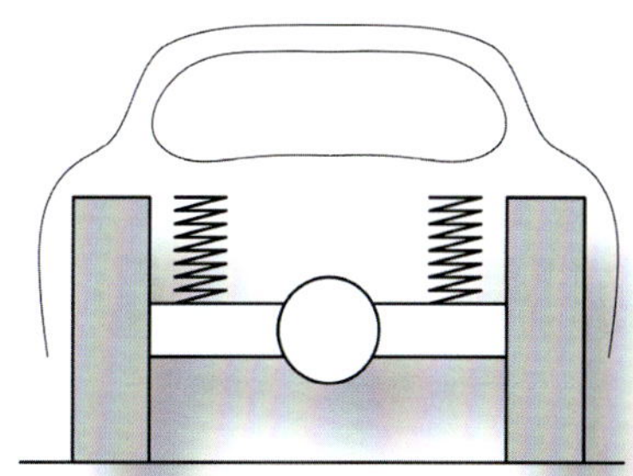

Bei der Starrachse bilden das Differenzial, die Achsrohre mit den Hinterachswellen und den Naben eine Einheit. Borgward verwendete die Starrachse bei seinen Lastkraftwagen.

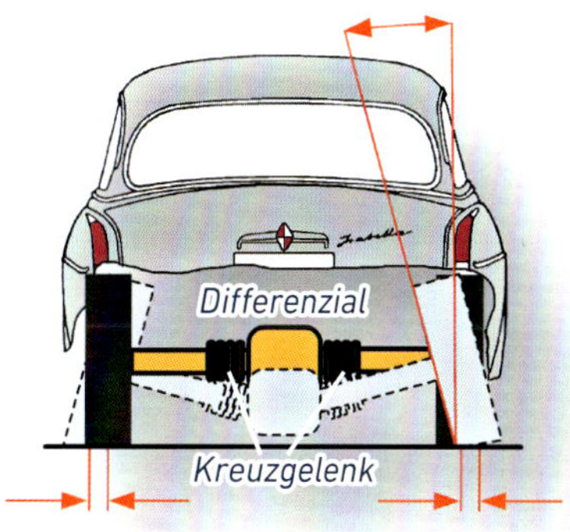

Die Pendelachse lieferte eine wesentlich bessere Straßenlage als die in den 50er-Jahren oft anzutreffende Starrachse. Allerdings führte die Pendelachse beim Einfedern zu großen Sturzveränderungen.

Hansa 1500/1800-Hinterachse (Ausführung mit Teleskop- statt Hebelstoßdämpfern). Rot: Schräglenker, Achsrohr, Blattfeder.

Berechnung der Leistung des Rekordwagens

Gegeben:

- Gewichtskraft	F_G	8300 N*
- Masse	m	846 kg
- Rollwiderstandsbeiwert	c_{Roll}	0,035*
- Spur	s	1250 mm
- Höhe des Wagens	h =	885 mm
- Luftdichte	G =	1,202 kg/m³
-Luftwiderstandsbeiwert	c_w =	0,35*
- Höchstgeschwindigkeit	v = 196 km/h = 54,4 m/s*	
- Radius der Steilkurve	r =	250 m

Errechnet:

Rollwiderstand	F_{Roll} =	$F_G \times c_{Roll}$
		291 N*
Stirnfläche	A =	s × h × 0,9
		1,11 m²*
Luftwiderstand	F_{Luft} =	$c_w \times A \times G \times v^2 / 2$
		690 N
Gesamtwiderstand	F_{Wid} =	$F_{Roll} + F_{Luft}$
		980 N
Leistung	P =	$F_{Wid} \times v$
		53,4 kW = 73 PS

73 PS betrug die Leistung bei der Versuchsfahrt am 4. Juli 1950. Bei den Rekordfahrten muss in den Steilkurven die Normalkraft F_N berücksichtigt werden, die den Wagen aufgrund der Fliehkraft auf die steile Bahn zwingt. Durch die erhöhte Kraft verändert sich der Rollwiderstand. Wie groß muss die Leistung sein, um eine Geschwindigkeit von 185 km/h in der Kurve zu erhalten?

Fliehkraft	$F_{Zf} = m \times v^2 / r$	8937 N
Normalkraft in der Kurve		
	$F_N = \sqrt{(F_{Zf}^2 + F_G^2)}$	12 197 N
Rollwiderstand	F_{Roll} =	427 N
Geschwindigkeit	$P = F_{Wid} \times v$	= (427 + 615) × 51,4
	Einheiten:	W = N m/s
		= 53 kW = 73 PS

Die vorhandenen 73 PS des Motors lassen tatsächlich v = 185 km/h zu. Allerdings ist das die absolute Leistungsgrenze gewesen. Für 196 km/h in der Kurve wären schon 85 PS notwendig geworden.

*Abweichung von Heinrich Völkers Berechnungen. Heinrich Völker, a.a.O.

Erprobung

Die Versuchsfahrten auf der Autobahn Bremen-Burglesum dauerten vom 10. Juni bis zum 4. Juli 1950. Dabei gab es Schwierigkeiten: Falschluft trat in das Ansaugsystem und verringerte die Leistung. Ursache war Wärmeverzug im Ansaugstutzen und ein verzogener Vergaser-Flansch. Der verwendete Tank eines B 1000-Lkws riss an den Schweißnähten. Ein Tank vom großen Lastwagen B 3000 diente als Ersatz. Probleme gab es auch mit der Buna-Gummimembrane der Benzinpumpe. die von dem Methanol zersetzt wurde. Eine Vulkollan-Membrane schuf Abhilfe.

Am 18. Juni hatte man den Hockenheimring für Testfahrten gemietet. Das magere Testergebnis: „Bahn für Vorhaben nicht geeignet".[1]

Insgesamt betrug die Länge der Dauerfahrversuche annähernd 8100 km. Dabei erreichte am 4. Juli 1950 der Inka-Rekordwagen auf der Autobahn eine Spitzengeschwindigkeit von 196 km/h mit einem Kraftstoffgemisch von 80 % Rennbenzol und 20 % Methanol. Das entsprach einer Leistung von annähernd 73 PS.

So gerüstet fuhr die Mannschaft am 12. August 1950 nach Montlhéry.

In den Steilkurven der Montlhéry-Strecke verschlissen die Conti-Rennreifen extrem und die Höchstgeschwindigkeit lag nur noch bei 185 km/h, da durch die Fliehkraft die Rollwiderstände anwuchsen. Der Bonneville-Salzsee in Utah (USA) hätte sich für Rekorde besser geeignet. Dort wäre man auf einem Großkreis mit dem Durchmesser von 10 oder mehr Kilometern um einiges schneller gewesen.

1 Carl F. W. Borgward: Versuchsauftrag 21/11, Bremen 26. Juli 1950. Obwohl der Hockenheimring für Rekordversuche ungeeignet war, ließ Momberger im Dezember 1953 Versuche mit dem Goliath-Rekordwagen fahren. Das traurige Ergebnis war, dass der Versuchsfahrer Hugo Steiner tödlich verunglückte.

I. RS-Generation „Langheck“ · 1951-1953

Im Juni 1950 starb Friedrich Kynast, der Direktor des Goliath-Werks. Carl F. W. Borgward stellte Momberger zum 1. Juli 1950 als Nachfolger ein. Momberger brachte sein Inka-Team mit, das sich in den Vorbereitungen für die Rekordfahrten befand.

Sechs Wochen später errang der Inka-Wagen in Montlhéry 12 internationale Klassenrekorde.

Der Erfolg, die Werbewirkung der Rekorde und die richtigen Fachleute waren die Faktoren, die zu Borgwards Entscheidung führten, Rennsportwagen zu bauen. Die Konstruktion des Fahrgestells lag wie bisher in den Händen von Ing. Martin Fleischer (Goliath Werk) und des Motors in denen von Ing. Karl-Ludwig Brandt (Borgward Werk). Der Leiter der Borgward-Versuchsabteilung und des -Musterbaus (Prototypenbau), Ing. Wilhelm Büchner (Borgward-Werk), stellte die Fahrzeuge her. Die Karosserien entstanden im Musterbau, Fahrgestell und Motoren in der Versuchsabteilung.

Die Langheck-Karosserie

Unklar ist bis heute, wer die Karosserien entwarf. Der Goliath-Stilist Richard Krüger kam erst 1951 von BMW. Der Borgward-Karosserie-Entwickler, Hermann Böse, gehörte zum Pkw-Konstruktionsbüro, das sich aus der „Rennerei“ heraushielt.

Das Goliath-Werk
Seit dem 1. Juli 1950 hatte Carl F. W. Borgward das Inka-Team im Goliath-Werk angestellt. Martin Fleischer entwickelte im Konstruktionsbüro das Fahrwerk für den Rennsportwagen. Carl F. W. Borgward residierte in seinem Büro auf dem Dach des Ersatzteilwerks, bis er 1950 das neue Verwaltungsgebäude im Werk Sebaldsbrück bezog. Im Vordergrund befindet sich das heute noch existierende Lloyd Dynamowerk, das durch den Hastedter Osterdeich vom Goliath-Werk getrennt war. Heute stehen noch einige Gebäude aus der Goliath-Zeit, wie das Ersatzteilwerk und das Turmgebäude. (Foto um 1956)

Das Borgward-Werk in Bremen Sebaldsbrück

Der von Tatra bzw. Daimler-Benz gekommene Dipl.-Ing. Erich Übelacker entwickelte zu der Zeit einen Exportwagen. Damit dürfte seine Kapazität ausgelastet gewesen sein. Außerdem ist die Karosserie des Rennsportwagens nicht Übelackers Stil.

Vermutlich setzten sich die Techniker der Versuchsabteilung selbst an das Zeichenbrett und entwarfen einen Aufbau, der Formelemente der Stromlinien-Fahrzeuge Inka, Renn-Adler (1939), Mercedes-Benz Weltrekordwagen T80 (1939), Hanomag-Rekord-Diesel (1938) und Wanderer W 25 spezial aufgriff.

Diesen Wagen stellte man auf dem Messestand der Internationalen Automobilausstellung (IAA) in Frankfurt im April 1951 aus. 100 PS für ein zulassungsfähiges Rennfahrzeug waren eine kleine Sensation, die für einige Notizen in der Fachpresse sorgte.

Der erste Renneinsatz fand erst am 25. Mai 1952 statt (Eifelrennen, Nürburgring). Ob dabei der auf der IAA gezeigte 4-Ventil-dohc-Motor[1] (Bezeichnung 4 M 1,5 [0] RS) zum Einsatz kam, ist ungewiss.

Am 3. August 1952 startete Hans Hugo Hartmann (HHH) beim Großen Preis von Deutschland auf dem Nürburgring. Hier

1 dohc: double overhead camshaft = 2 obenliegende Nockenwellen

Name	Wilhelm Büchner
Geb.-gest.	1912-1990
Ausbildung	Maschinenbau-Studium in Saarbrücken
Stationen	In der Kriegszeit von Borgward „ausgeliehen" an KHD MAN
Borgward	ab 1936
als	Ingenieur, ab 1947 Leiter Versuchsabteilung, kommissarischer Leiter Musterbau bis 1954
Nach 1961	VW

Linke Seite: Das Büro von Karl-Ludwig Brandt befand sich im Verwaltungsbau im I. Stock. Die Pkw-Konstruktion war im II. Stock untergebracht, hatte aber mit der RS-Entwicklung nichts zu tun. Der östliche Anbau der Halle 0 (cyan) beherbergte die Versuchsabteilung, in der das Fahrwerk und der Motor hergestellt wurden. Die Abteilung teilte sich die Halle mit dem Musterbau. Dort entstanden die Karosserien.

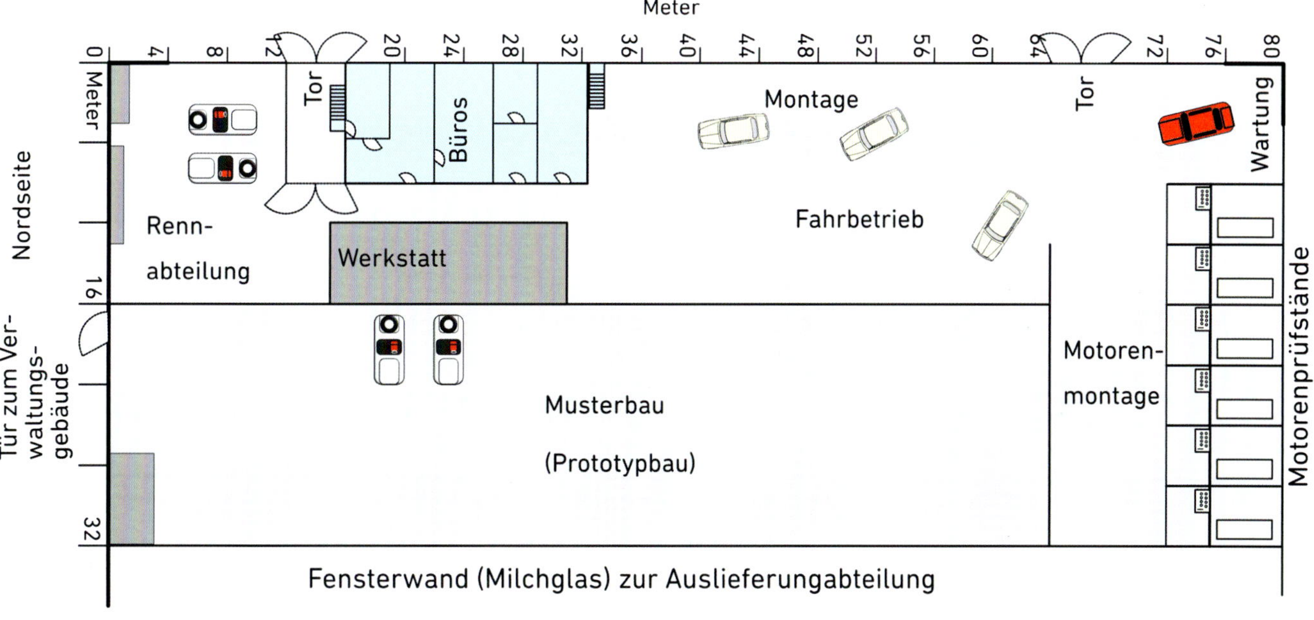

Unten: Plan der Versuchsabteilung mit Rennabteilung, Büros, Musterbau und Motorenprüfständen.

Der Hansa Sport auf dem Messegelände der Internationalen Automobilausstellung in Frankfurt a. M. im April 1951.

Auch der IAA-Putzkolonne bereitete der 51er-RS großes Vergnügen.

HHH bei Testfahrten 1952 auf der Autobahn.

verrichtete der 80 PS-Motor 4 M 1,5 (l) RS seinen Dienst, der, immer wieder in der Leistung gesteigert, bis 1954 verwendet wurde.

1952 fertigte Büchner ein zweites, baugleiches Fahrzeug. Beide Wagen nahmen am Grenzlandring-Rennen (31. August 1952) teil. Im September lackierte der Musterbau die beiden Fahrzeuge und ersetzte die bisherigen großen blechernen Front-Rhomben durch gemalte Firmenlogos, die sich nun über dem Kühlergrill befanden.

Rechts: Im Cockpit war es so eng, dass HHH nur ein- und aussteigen konnte, wenn das Lenkrad entfernt wurde.
Unten: Publikum beim Motor-Check.

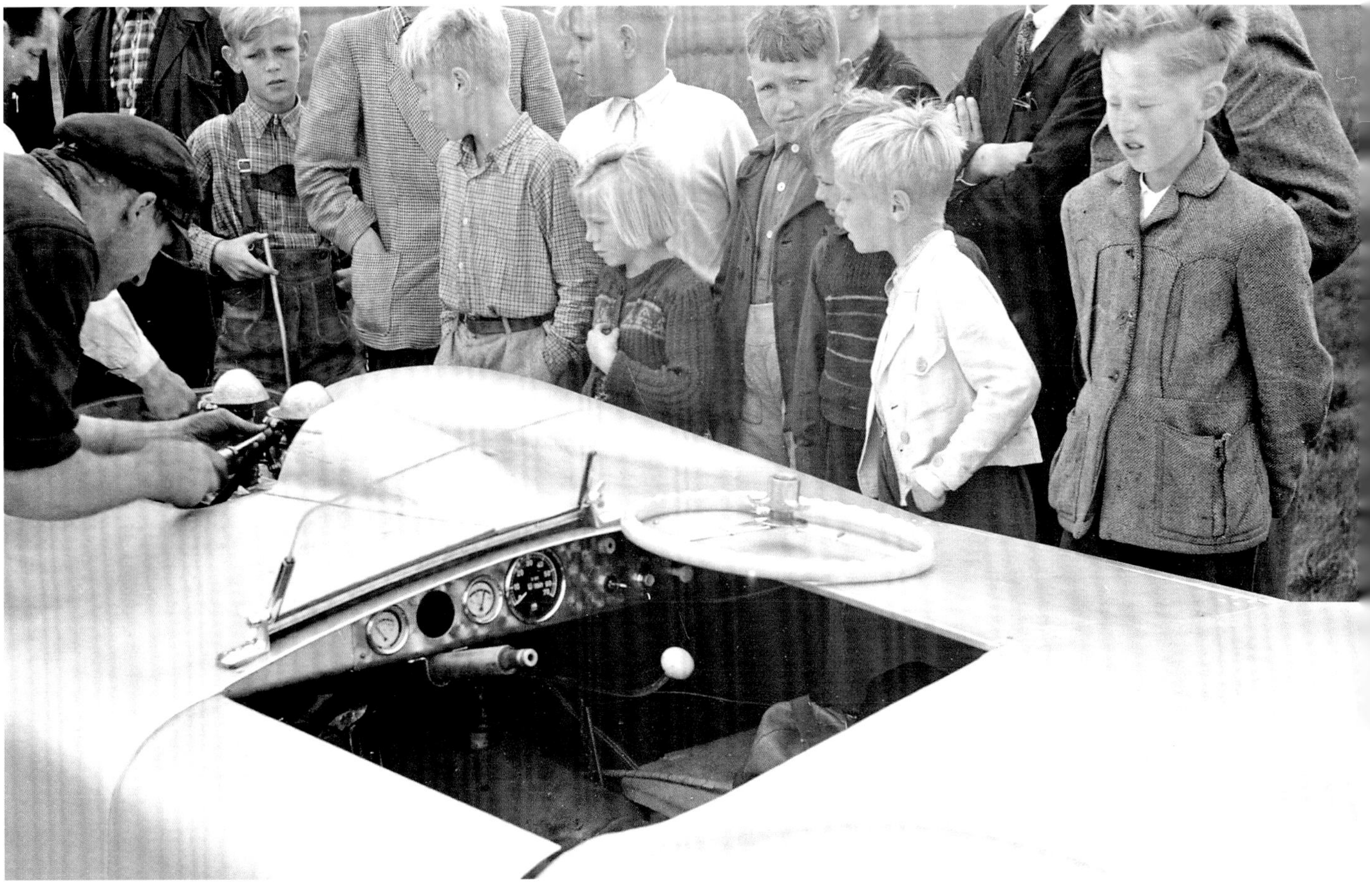

Der 51er- und der 52er-RS erhielten im September 1952 in der Versuchsabteilung/Musterbau eine neue Lackierung.

Einer der beiden Rennsportwagen im Werk vor der Bahnquerung an der Halle 0 und Halle 1. (September 1952)

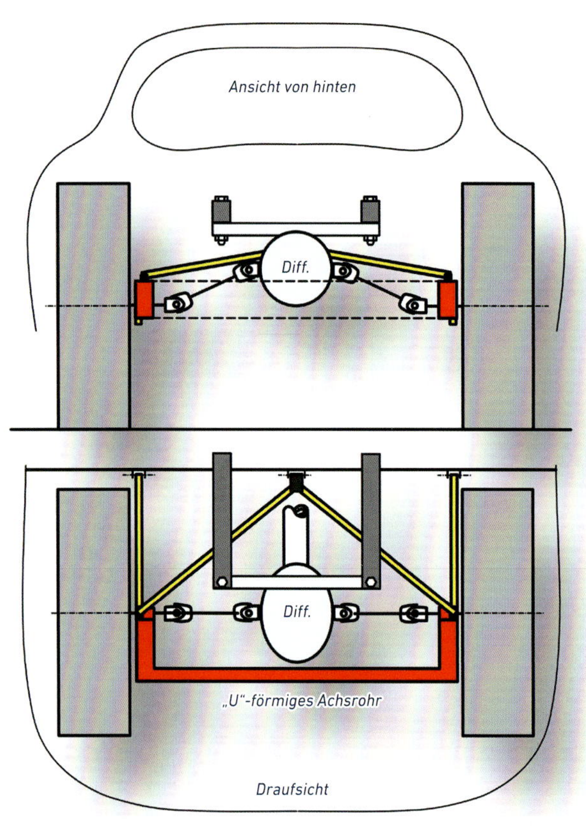

Das „Langheck"-Fahrwerk

Hier war noch viel zu verbessern, weil das Hansa 1500-Chassis zwar für Rekordfahrten, aber nicht für Rennen tauglich war. Die boten im Gegensatz zur Betonpiste von Montlhéry viele Kurven, Kuppen und Senken.

Martin Fleischer, der Spezialist für Fahrwerke, konstruierte in der Vorkriegszeit bei der Auto Union in Chemnitz für den Wanderer W24, den Horch 930 und 853 sowie für den Auto Union Rennwagen Typ D (1938/39) die Achsen.

Links:
De-Dion-Achse, wie sie ab dem 1951-RS zum Einsatz kam.

Unten: Die Konstruktion der Achsen des Auto Union Typ D-Rennwagens (1938/39) stammte von Martin Fleischer. Er verwendete die gleiche Art auch beim Borgward RS.

An der Vorderachse des 51er-RS ersetzte er die Quer-Blattfeder durch zwei Schraubenfedern. Da diese keine Radführung übernehmen können, brachte er unten einen dreieckförmigen Querlenker an. Damit war der Borgward Rennsportwagen auf der Höhe der Zeit.

Als Hinterachse nahm er die des von ihm entwickelten AU-Rennwagen Typ D als Vorbild. Es handelte sich um eine De-Dion-Achse, bei der im Gegensatz zur Starrachse das schwere Differenzial am Fahrzeugrahmen befestigt war, sodass das Springen und Trampeln (vergleiche Seite 70f) nicht auftrat. Ein grob „U"-förmiges, aber leichtes und festes Rohr verband die beiden Radnaben. Zwei Schraubenfedern federten das „U" ab. Für die Radführung verwendete Fleischer im oberen Teil zwei Schräglenker und unten zwei Längslenker (in den Fotos teilweise verdeckt). Diese Achskonstruktionen behielt Borgward bis zum Ende des Rennsportengagements bei.

Der Trapez-Rahmen bestand aus zusammengeschweißten Rohren mit einem Durchmesser von 70 mm und einer Wandstärke von 2 mm.

Fahrzeugmeister Adolf Koch bohrte im Juli 1952 rund 2000 Löcher in den Rahmen, um das Fahrzeug zu erleichtern. Das brachte lediglich 2,5 kg Gewichtsersparnis, schwächte aber den ohnehin weichen, zweidimensionalen Rahmen. Mit diesem RS fuhr Hans Hugo Hartmann 1952 den Großen Preis von Deutschland, das Grenzlandring- und das Avus-Rennen sowie 1953 im Mai das Eifelrennen.

Dem 1952er-RS blieb diese Prozedur erspart.

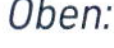

Oben:
Borgward RS-Vorderachse mit oberem und unterem Querlenker (rot).

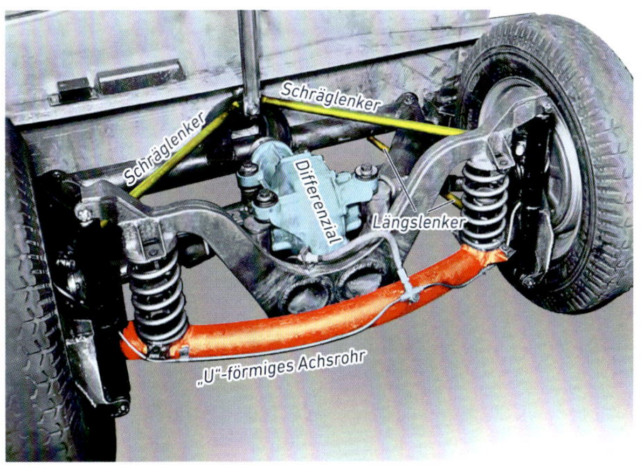

Mitte und unten:
Das „U"-förmige Hinterachsrohr (rot) verband die Radnaben starr miteinander und wurde durch die oberen Schräglenker (gelb) sowie die unteren Längslenker (gelb) geführt. Das Differenzial (hellblau) war am Fahrzeugrahmen befestigt und gehörte somit nicht mehr zur ungefederten Masse.

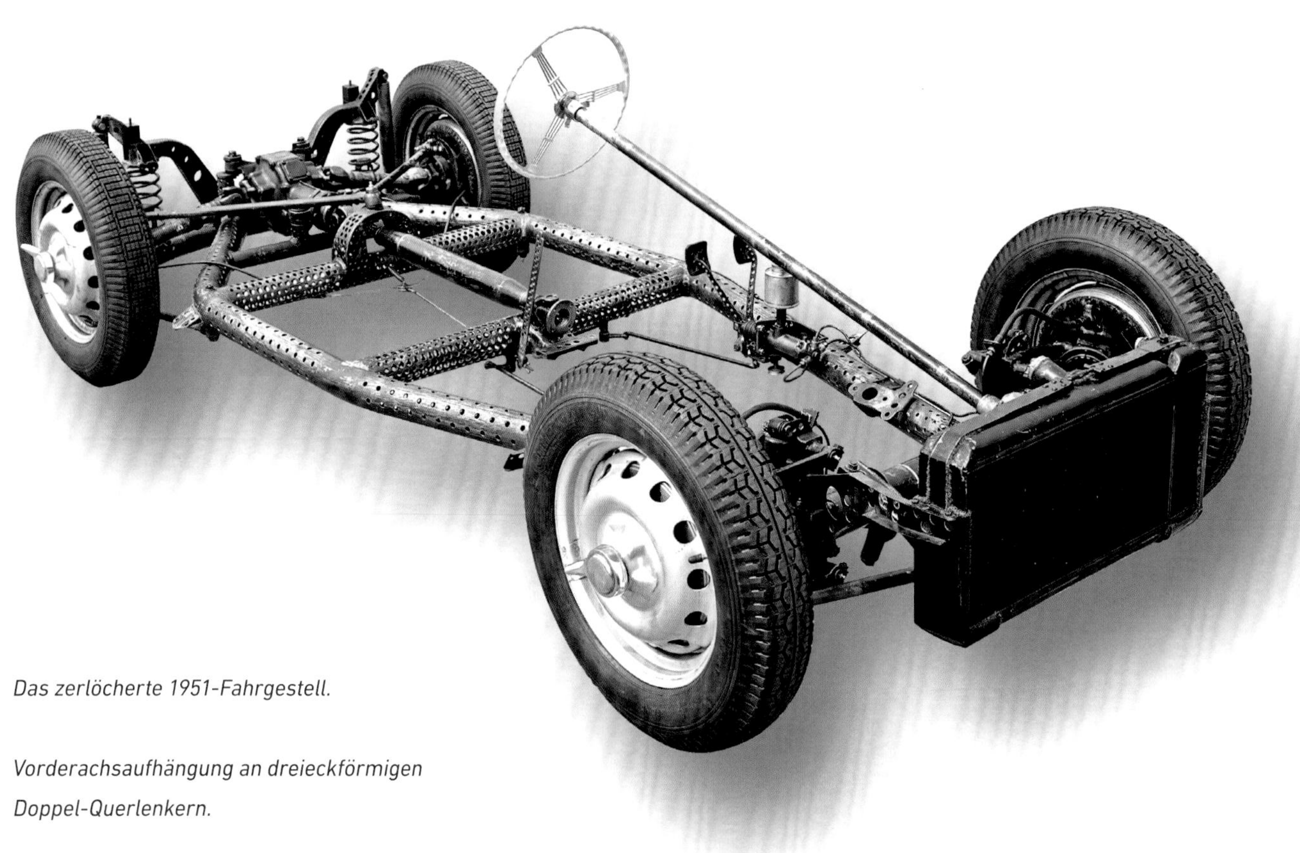

Das zerlöcherte 1951-Fahrgestell.

Vorderachsaufhängung an dreieckförmigen Doppel-Querlenkern.

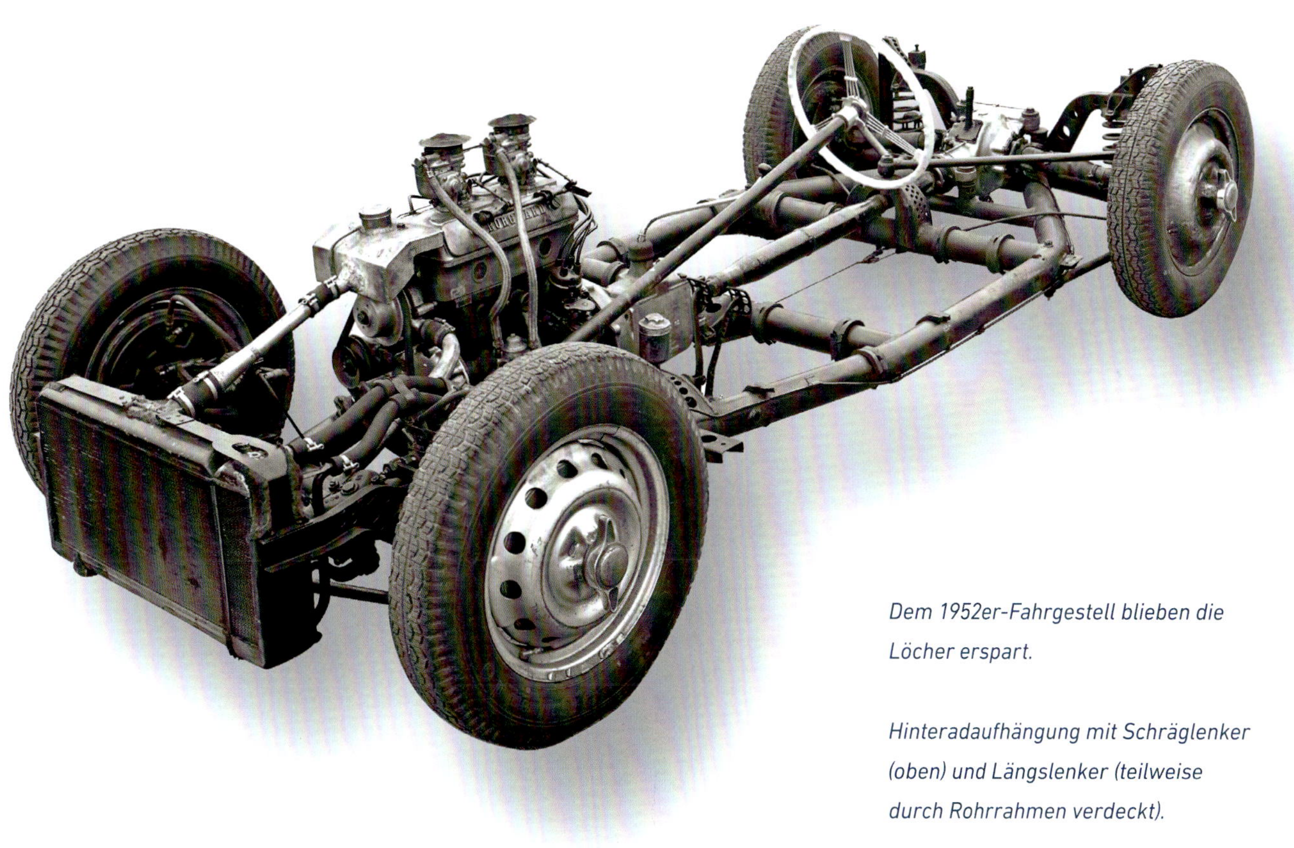

Dem 1952er-Fahrgestell blieben die Löcher erspart.

Hinteradaufhängung mit Schräglenker (oben) und Längslenker (teilweise durch Rohrrahmen verdeckt).

Der Motor 4 M 1,5 (0) RS · 1951

Um im Motorsport mithalten zu können, musste die Leistung des Hansa 1500-Pkw-Aggregats (4 M 1,5) erheblich angehoben werden. Der Motorenkonstrukteur Karl-Ludwig Brandt konstruierte für den Rumpfmotor des Hansa 1500 einen 4-Ventil-Querstrom[1]-Zylinderkopf mit zwei obenliegenden Nockenwellen (dohc). Zwei Ketten[2] trieben die Wellen an, die in einem dem Motor vorgesetzten Gehäuse platziert waren. Durch dieses Bauteil führten die Wasserpumpenwelle zum Lüfter und die Kurbelwelle zum Keilriemenrad hindurch. Der Kettenantrieb und die Leistung von 100 PS bei 6600 Umdrehungen pro Minute hätten die gesamte

1 Querstrombauart: Einlass- und Auslasskanal liegen sich gegenüber. Der Wirkungsgrad ist größer als beim Gegenstrom-Zylinderkopf.

2 Jüttner, a.a.O.

Oben: Zusammengefügte Kurbelwelle.

Darunter: Die Hirth-Verzahnung einer Kurbelwelle.

Unten und rechte Seite: Der Motor 4 M 1,5 RS basierte auf dem 4 M 1,5 aus dem Hansa 1500 besaß aber 2 obenliegende Nockenwellen und 4 Ventile pro Zylinder.

Kurbelwellen-Lagerung überfordert. Deshalb und auch um die Reibung bei hohen Lasten zu mindern, verwendete Brandt Wälzlager. Diese ließen sich nur montieren, wenn die Kurbelwelle teilbar war. Eine Hirth-Verzahnung[3] (Foto) sorgte für den exakten und festen Zusammenbau der Kurbelwellen-Einzelteile. Der Nachteil dieser Konstruktion war ihr Preis. Eine Kurbelwelle kostete so viel wie der Pkw Hansa 1500 (7.600 DM).

Die Versorgung mit dem Kraftstoff/Luft-Gemisch übernahmen zwei Solex-Flachstrom-Vergaser. Die angegebenen 100 PS hätten für eine Höchstgeschwindigkeit von 228 km/h gereicht. Der Motor kam nicht zum Einsatz, weil man die Schmierprobleme nicht in den Griff bekam.[4] Eine Teilnahme mit dem leistungsschwachen Inka-Motor aus dem Jahr 1950 hätte kaum Aussicht auf Erfolg gehabt. So fiel die Rennsaison 1951 für Borgward ins Wasser.

Die Bremer begnügten sich mit der Präsentation des Wagens auf der IAA in Frankfurt im April 1951. Nach unbestätigten Quellen kam der Motor im Mai 1952 beim Eifelrennen zum Einsatz.

3 Jüttner, a.a.O.

4 Jüttner, a.a.O.

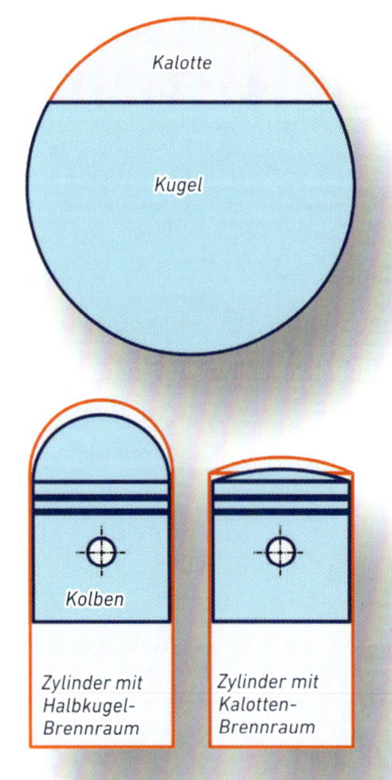

Der Motor 4 M 1,5 (I) RS · 1952-1954 (Projekt 015)

Weil die konstruktiven Wege des 4-Ventilers (4 M 1,5 (0) RS) nicht zum Ziel führten, suchte Karl-Ludwig Brandt nach einer Alternative. Aus Kostengründen kam nur die Verwendung des Hansa 1500-Rumpfmotors in Frage. Die Leistungserhöhung erfolgte durch Anheben der Drehzahl und der Verdichtung. Dazu konstruierte Brandt einen neuen Zylinderkopf und verwendete andere Kolben sowie zwei Solex Flachstromvergaser mit 40 mm Durchlass.

Der neue Zylinderkopf bestand aus einer Leichtmetall-Gusslegierung, um Gewicht zu sparen[1] und um die Wärme besser abzuleiten. Die Querstrombauart verwendete Brandt erneut. Die Ventile standen sich quer zur Motorachse gegenüber.

Um eine hohe Verdichtung in dem theoretisch idealen halbkugelförmigen Brennraum zu erzielen, müsste der Kolbenboden stark gewölbt werden. Das führt zu einem „Viertelmond"-Brennraum,

1 Je leichter, je schneller (Rollwiderstand, Beschleunigung, Verzögerung)

schlechter Druckverteilung und Verbrennung. Deshalb gestaltete Brandt das Oberteil des Brennraums als „Kugelkalotte". Mit der Kalotte ergaben sich die beabsichtigte Erhöhung des Verdichtungverhältnisses und der Leistungen.

Hansa 1500	6,3:1	52 PS
H 1500 Sport	7,2:1	66 PS
RS 1952	unbekannt	80 PS
RS Ende 1952	unbekannt	90 PS
RS Anfang 1953	8,82:1	102 PS

Die Baureihe 4 M 1,5 (I) RS wurde bis Mai 1954 (Eifelrennen) verwendet und danach durch den Einspritzmotor (4 M 1,5 II RS) auf Isabella-Basis ersetzt.

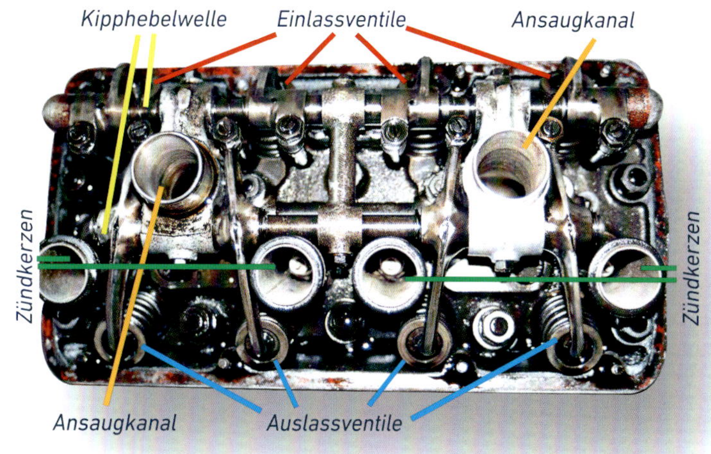

Zylinderkopf des Motors 4 M 1,5 (I) RS.

Linke Seite und unten: Der Rumpf-Motor stammte ebenfalls vom Hansa 1500. Hier verwendete man allerdings einen einfachen Zylinderkopf mit 2 Ventilen pro Zylinder und einem herkömmlichen Ventiltrieb über Stößelstangen.

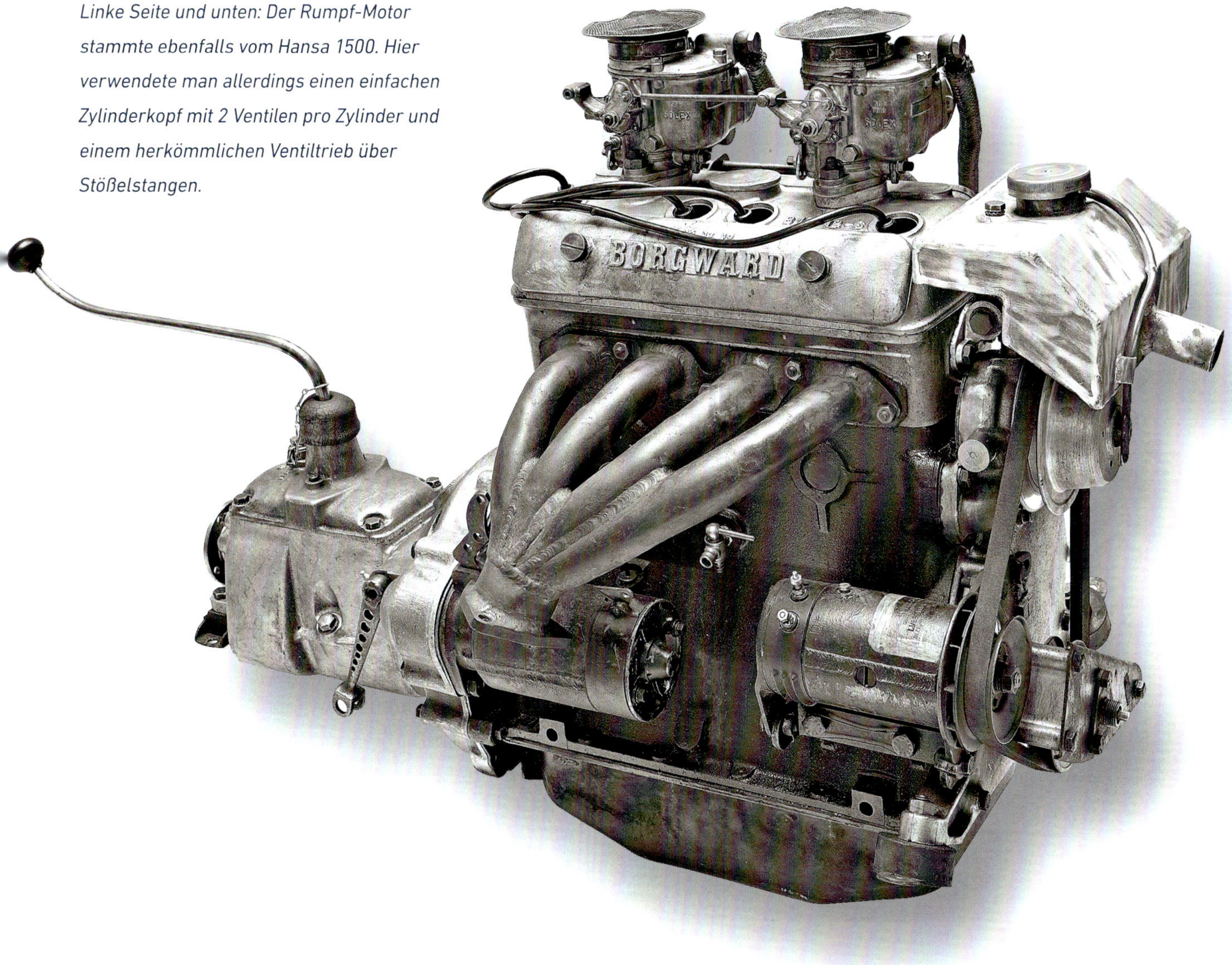

II. RS-Generation „Kurzheck" · 1953-1954

Oben links und rechts: Rennsportwagen der II. Generation in der letzten Ausführung mit dem Isabella-RS-Einspritzmotor bei der Carrera Panamericana im November 1954, pilotiert von Franz Hammernick.
Unten: Günther Bechem mit dem RS der II. Generation beim Großen Preis 1953 in der frühen Version ohne seitliche Belüftungen. Auspuffmündung direkt am rechten Vorderrad.

Die Kurzheck-Karosserie

1953 kam eine neue Generation von Borgward-Rennsportwagen an den Start. Den Radstand verkürzten die Techniker um 150 mm, behielten aber die Konstruktion des zweidimensionalen Rahmens bei. Die neue Karosserie verzichtete auf das lang ausgezogene Heck. Der Aufbau wirkte harmonischer und moderner. Da man aber ein Heck ohne Abreißkante baute, kam es zu Verwirbelungen und der ehemals recht günstige Luftwiderstandsbeiwert (c_w) des Langheck-RS von ca. 0,35 stieg in die Höhe auf ca. 0,45. Um dies auszugleichen war bei einer Geschwindigkeit von 180 km/h eine Mehrleistung von annähernd 11 PS notwendig. Der aus dem Langheck-Wagen stammende Motor 4 M 1,5 (1) RS leistete ehemals 80 PS, nun aber 110 PS. So konnte der Motor die Nachteile durch das aerodynamisch unsinnige Heck kompensieren. Es ist erstaunlich, dass der Ingenieur Heinrich Kienke aus der Versuchsabteilung diese Ausführung nicht beanstandete; vielleicht konnte er sich auch nicht durchsetzen. Er leitete während der Kriegszeit den Überschall-Windkanal der Focke-Wulf-Flugzeug-Werke und war eigentlich der Aerodynamik-Experte bei Borgward.

Im Musterbau, damals noch ein Unterbereich der Versuchsabteilung, entstanden die neuen Karosserien. Verantwortlich waren Christian Nesemann als Leiter und Robert Köhler, beides ehemalige Flugzeugbauer, die hervorragend mit Blech umgehen konnten.

Im Laufe der Einsatzzeit vom Juli 1953 (Avus-Rennen, Berlin) bis zum November 1954 (Carrera Panamericana) gab es nur kleine Veränderungen an der Karosserie. Diese betrafen die Lüftungsöffnungen, die sich auf beiden Seiten des Wagens zwischen Vorderrad und Tür befanden, sowie die Lage der Auspuffrohrmündung. Kamen die Fahrzeuge anfangs noch ohne zusätzliche Öffnungen

Name	Christian Nesemann
Geb.-gest.	1887-1962
Stationen	Focke-Wulf seit 1924
Borgward	ab ca. 1947, pensioniert 1960
als	Werkmeister
Aufgabe	Leitung Musterbau bis 1954

Bau der 3. Version der I. Generation.

Name	Robert Köhler
Geb.-gest.	1909-1988
Ausbildung	Klempner, Elektriker
Stationen	Focke-Wulf
Borgward	ab 1951
als	Werkmeister
Aufgabe	Karosseriefertigung im Musterbau
Nach 1961	Hanomag, Daimler-Benz

aus (Version 1), so konnte der Motor ab August 1953 (1000 km-Rennen) durch rechteckige Ausschnitte (Version 2) und ab Mai 1954 (Eifelrennen) durch je drei seitliche kreisrunde Öffnungen „atmen" (Version 3). Ein Merkmal der letzten Ausführung ist die große rechteckige Öffnung für die Auspuffendrohre. Sie befindet sich direkt unter den Lüftungslöchern.

Die I. RS-Generation bestand aus zwei Fahrzeugen, die der Autor zur Übersichtlichkeit mit 60 001 und 60 002 bezeichnet.[1] Von der II. RS-Generation gab es vier Fahrzeuge (60 003 bis 60 005). Diese wurden durch Unfälle demoliert bzw. zerstört:

11/1953	Carrera Panamericana	Brudes	60 003
8/1954	GP von Deutschland	Hartmann	60 004
11/1954	Carrera Panamericana	Hammernick	60 005
11/1954	Carrera Panamericana	Bechem	60 006

1 Die Nummern basieren auf den Borgward-Fahrgestellnummern. Es sind Annahmen, die sich auf die bestätigten Ident-Nummern des Elektron-Wagens (60 012) und des Jüttner-Wagens (60 011) beziehen. Siehe Seite 107ff.

Bau der II. RS-Generation-Version 3. Im vorderen Wagen sieht man den Tank, der neben dem Beifahrersitz positioniert war.

Der Motor 4 M 1,5 II RE (Projekt 026)

Porsche beteiligte sich ab 1953 mit dem Typ 550 an Rennen und wurde zu Borgwards schärfstem Konkurrenten. Der 550er besaß einen 4-Zylinder-Boxer-Motor mit ebenfalls 1,5-Liter-Hubraum, aber einer Leistung von 110 PS und einer Leermasse von lediglich 550 kg. Der Borgward RS brachte annähernd 680 kg auf die Waage, der Motor 102 PS auf den Prüfstand. Das Leistungsgewicht (kg/PS) des Borgwards lag 34 % über dem des Porsches. Es musste dringend etwas geschehen.

Dabei gab es nur drei Stellschrauben:

- Verringerung des Luftwiderstands
- Verminderung des Rollwiderstands
- Erhöhung der Motorleistung
  · durch Steigerung der Drehzahl
  · durch Anhebung der Verdichtung

Man hielt die neue Karosserie mit dem Kurzheck für aerodynamisch gelungen und die Möglichkeiten den Wagen leichter zu machen, um den Rollwiderstand zu minimieren, hatte man ausgeschöpft. Es blieb die Leistungserhöhung. Doch da stellte sich das Problem der Haltbarkeit und der Zuverlässigkeit des Motors 4 M 1,5 (I) RS. Das Triebwerk war ausgereizt, die Grenzen des Ventiltriebs und der Kolbengeschwindigkeit erreicht. Die Ursache lag im ungünstigen Verhältnis (1:1,28) zwischen Bohrung (72 mm) und Hub (92 mm). Ein neuer Motor musste her.

Seit 1953 entwickelten die Techniker bei Borgward den Nachfolger des Personenwagens Hansa 1800, die Isabella. Hierbei handelte es sich um eine komplette Neukonstruktion einschließlich Motor und Achsen. Die neue 1,5-Liter-Maschine (60 PS) besaß ein nur etwas günstigeres Hub/Bohrung-Verhältnis als der Hansa 1500-Motor. Das versuchte Brandt auszunutzen und versah den Isabella-Motor für den RS mit einem anderen Zylinderkopf und einer Einspritzanlage. Der Prüfstand attestierte 110 PS.

Beim Großen Preis von Deutschland am 1. August 1954 auf dem Nürburgring setzte Borgward zwei Fahrzeuge ein. Bechems RS besaß die neue Maschine. Es zeigte sich schnell, dass

Der Isabella-Motor (4 M 1,5 II) war ebenfalls mit dem Ventiltrieb über Stoßstangen und Kipphebel ausgestattet. Daher eignete er sich nicht besonders als Motor für den Rennsport. Allerdings war sein Bohrung/Hub-Verhältnis (1:1,3) etwas günstiger gegenüber dem bisher verwendeten 4 M 1,5 (I) RS. Karl-Ludwig Brandt hätte lieber ein reinrassiges Hochleistungstriebwerk entwickelt, musste aber aus Kostengründen zurückstecken. So mutierte das Isabella-Aggregat doch noch zu einem Rennmotor.

Der 4 M 1,5 II RSE.

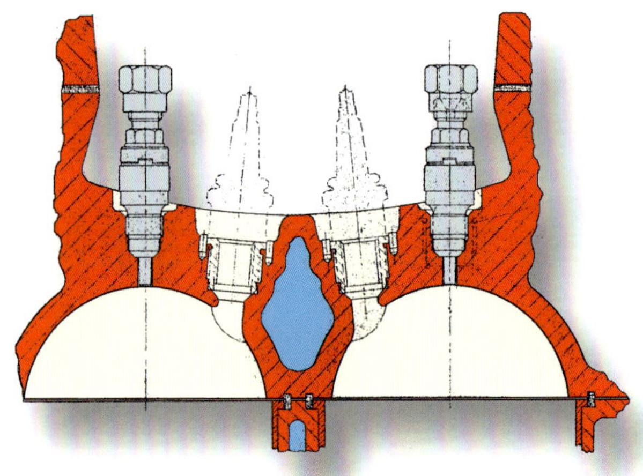

Zylinderkopf des 4 M 1,5 II RSE.

die Motorleistung auch jetzt nicht ausreichte um konkurrenzfähig zu sein. Letztmalig trieben diese Motoren (nun mit 115 PS) im November 1953 die beiden Rennsportwagen bei der Carrera Panamericana an.

Das Leistungspotenzial hatten die Techniker mit 115 PS ausgeschöpft, eine Weiterentwicklung machte keinen Sinn. Problematisch waren auch hier der herkömmliche Ventiltrieb und das für Sportmotoren immer noch ungünstige Hub/Bohrung-Verhältnis.

Dabei stellt sich eine grundsätzliche Frage: Handelte es sich überhaupt um den Isabella-Motor?

Der Bosch-Einspritzpumpen-Spezialist, Ing. Britzl, erwähnte in seinem Bericht[1] den Rennsportmotor 4 M 1,5 II RSE und gab ihn auf Seite 1 mit folgenden Maßen an: 4 Zylinder, Ø 72 mm, Hub 92 mm. Das sind die Werte für den 4 M 1,5 (I)

1 Bosch-Ing. Britzl: Besuchsbericht „Rennsportmotor 4 M 1,5 II RSE (4 x 72 x 92) 1,5 Liter-n=6000 U/min" (Besuch bei Fa. Borgward 29.7.-11.8.1954), Stuttgart 27. August 1954

RS, den es als Versuchsmuster mit einer Einspritzanlage gab. Auf Seite 2 des Berichts folgen genauere Motordaten. Hier wird die Bohrung mit 75 mm angegeben. Das wiederum lässt auf den Isabella-Motorblock schließen. Um die Verwirrung zu vervollständigen, führt Britzl[2] später aus: „... *Büchner sollte für die Versuche einen normalen Isabella-Motor mit dem Kopf und der Einspritzausrüstung vom Rennsportmotor 4 M 1,5 II RSE bereitstellen. Dies war nicht möglich, da der Isabella-Motor die Abmessungen 4 x 75 x 84,5 hat und der Einspritzer 4 x 72.*" Daraus schließt Heinrich Völker[3] in seinem Buch, dass der Einspritzer 4 M 1,5 II RSE auf Basis des Hansa 1500 beruhte und es keinen Rennsportmotor auf Isabella-Basis gab.

Dagegen spricht eine Presse-Information (ohne Datum) zur Carrera Panamericana 1954 der Carl F. W. Borgward GmbH: „*Diese Erprobung erstreckt sich in erster Linie auf die Triebwerksteile, die denen entsprechen, die auch bei der Isabella Verwendung finden. Beim Motor sind es Motorgehäuse, Kurbelwelle usw., während lediglich zur Erzielung einer höheren Leistung (110 PS/6000 U/min) ein Spezialzylinderkopf mit Einspritzung konstruiert und aufgesetzt wurde.*"

Vor einigen Jahren verkaufte die Firma C. F. Mirbach, Riedering, einen dieser Einspritz-Motoren. Es ist unbekannt, wer die Maschine erwarb. Erst wenn die Bohrung vermessen wird, gibt es Klarheit über den tatsächlichen Ursprung des 4 M 1,5 II RSE.

Das Kurzheck-Fahrgestell

Dort gab es keine großen Änderungen. Man führte eine 2-Kreis-Bremsanlage ein und verzichtete auf die „Durchlöcherungsaktion", die ein Rahmen der I. Generation über sich ergehen lassen musste.

2 Bosch-Ing. Britzl: Bericht zu den Versuchen zur Einspritzung bei dem Pkw Isabella, 7. März 1955
3 Völker, a.a.O., S. 49 ff

Linke Seite und unten: Das Chassis eines RS 1954 in der Versuchsabteilung. Man erkennt den Klappenstutzen und die Einspritzpumpe des neuen Motors.

II. Generation: Sondermodell „Fischmaul"

Ein ungewöhnlicher Rennsportwagen gibt Borgward-Spezialisten bis heute Rätsel auf. Die Fotos zeigen ihn als Fahrzeug des Korsos, der an Carl F.W. Borgwards 65. Geburtstag (10. November 1955) an Borgwards Villa vorbeiführte. Am gleichen Tag lichtete Werkfotograf Walter Richleske diesen RS mit Hans Hugo Hartmann am Steuer und dem NAMAG Lloyd-Bus von 1908 ab. Das „Fischmaul" ist auf keiner anderen Fotografie zu sehen. Erst später tauchten Bilder mit den mexikanischen Kaufleuten auf, die den zur Konkursmasse des Borgward-Werks gehörenden Wagen erworben hatten.

Ein Bericht aus dem Weser-Kurier vom 22. November 1966 brachte die Nachforschung voran: *„Das Werk in Mexiko birgt noch eine weitere Überraschung. Voller Stolz führten uns die Männer aus Bremen in die Montagehalle. Hier steht der Borgward-Wagen, mit dem der Rennfahrer Hermann (sic!) im Jahre 1954 die „Carrera Panamericana" gewonnen hatte. Auch dieser Wagen gehörte zur Konkursmasse ..."*

Mit den Männern aus Bremen sind die ehemaligen Borgward-Mitarbeiter gemeint, die in Mexiko halfen, die Automobilproduktion zum Laufen zu bringen. Nun hat der Rennfahrer Hans Herrmann zwar die Carrera 1954 gefahren und seine Klasse gewonnen, allerdings auf einem Porsche. Trotzdem war dieser Hinweis ein wichtiges Indiz. Und so könnte die Entstehung des „Fischmauls" ausgesehen haben:

Auf der Carrera Panamericana im November 1954 verunglückten die Borgward-Fahrer Bechem und Hammernick. Ihre Verletzungen waren nicht schwerwiegend, aber die beiden RS kaum noch verwendbar. Die Versuchsabteilung verschrottete auch die beiden 1953er-Wagen (60.003/4) der insgesamt vier gebauten Kurzheck-Versionen nach ihren Unfällen.

1955 nahmen die Bremer an keinem Rennen teil, weil sie erst den neuen Motor und einen neuen RS entwickeln wollten. Deshalb gab es keinen intakten Rennwagen mehr bei Borgward.

Nun stand der 65. Geburtstag des Firmenchefs an und ein RS sollte am Korso teilnehmen. Kurzum, die Versuchsabteilung und der Musterbau „schusterten“ aus den desolaten 54er-Carrera-Wagen (60.005/6) das Fischmaul zusammen.

Die Spur dieses seltsamen Gefährts verlor sich in Mexiko.

Linke Seite: Das Fischmaul am 10. November 1955 bei der Zusammenstellung des Korsos zu Carl F. W. Borgwards 65. Geburtstag.

Oben: Werbeaufnahme von Walter Richleske mit Hans Hugo Hartmann am Lenkrad.

Unten: Stolz präsentieren die Mexikaner im Frühjahr 1962 den RS in Bremen. Das Fahrzeug und die Pkw-Produktionsanlagen gingen per Schiff in das mittelamerikanische Land. Dort sollte eine Automobil-Fabrikation aufgebaut werden.

III. RS-Generation · 1956-1958 (Borgward-Projekt 084)

Das rennfreie Jahr nutzten Borgwards Techniker, um einen neuen Motor und ein neues Fahrzeug zu entwickeln. Die Erfahrungen, die man in den bisherigen Rennen gewonnen hatte, sollten in die Konstruktion einfließen.

Der Motor 4 M 1,5 III RSE (Projekt 078)

Karl-Ludwig Brandt konzipierte ein Triebwerk, völlig losgelöst von den Beschränkungen eines normalen Pkw-Motors. Die Auslegung beinhaltete die bestmöglichen technischen Lösungen. Der Querstrom-Zylinderkopf besaß vier Ventile pro Zylinder. Zwei obenliegende Nockenwellen betätigten die Ventile direkt, und zwei Duplex-Ketten trieben die Wellen an. Die Brennräume bildete Brandt dachförmig aus. Eine Bosch-Direkteinspritzung sorgte für das richtige Kraftstoff-Luft-Gemisch. Die Einspritzdüsen saßen zentral im First des Brennraums. Und eine Zündanlage mit jeweils zwei Zündkerzen pro Zylinder löste den Arbeitstakt aus. Die geschmiedete Kurbelwelle lagerte Brandt 5-fach. Mit einem Hub von 74 mm und einer Bohrung von 80 mm (Hubverhältnis 0,93) konnten hohe Drehzahlen gefahren werden, ohne in den kritischen Bereich der Kolbengeschwindigkeit zu kommen. Zum Vergleich die mittleren Kolbengeschwindigkeiten bei 6000/min: 4 M 1,5 (I) RS (Hansa 1500)

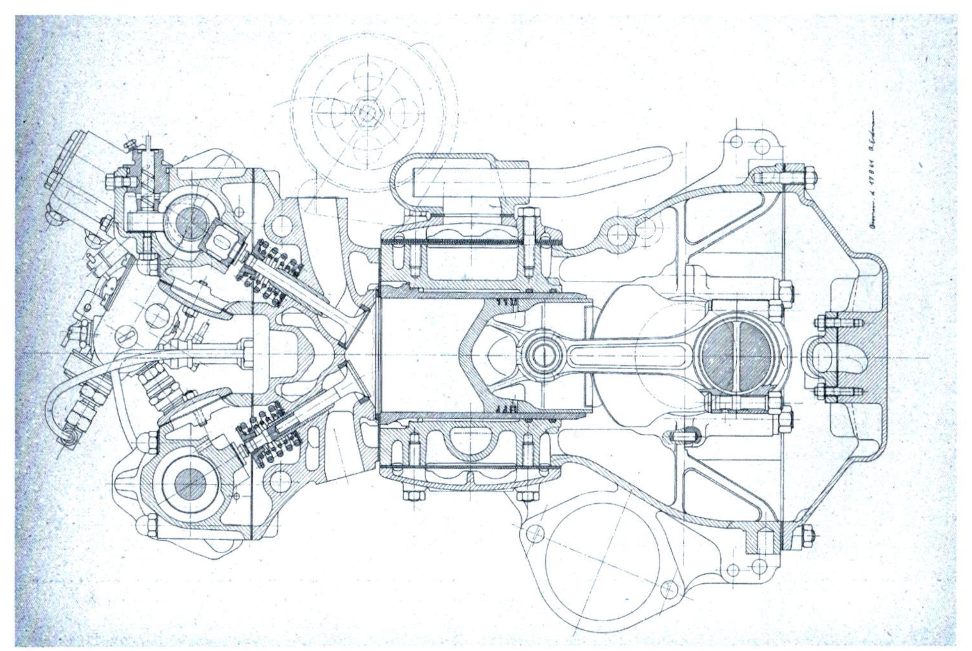

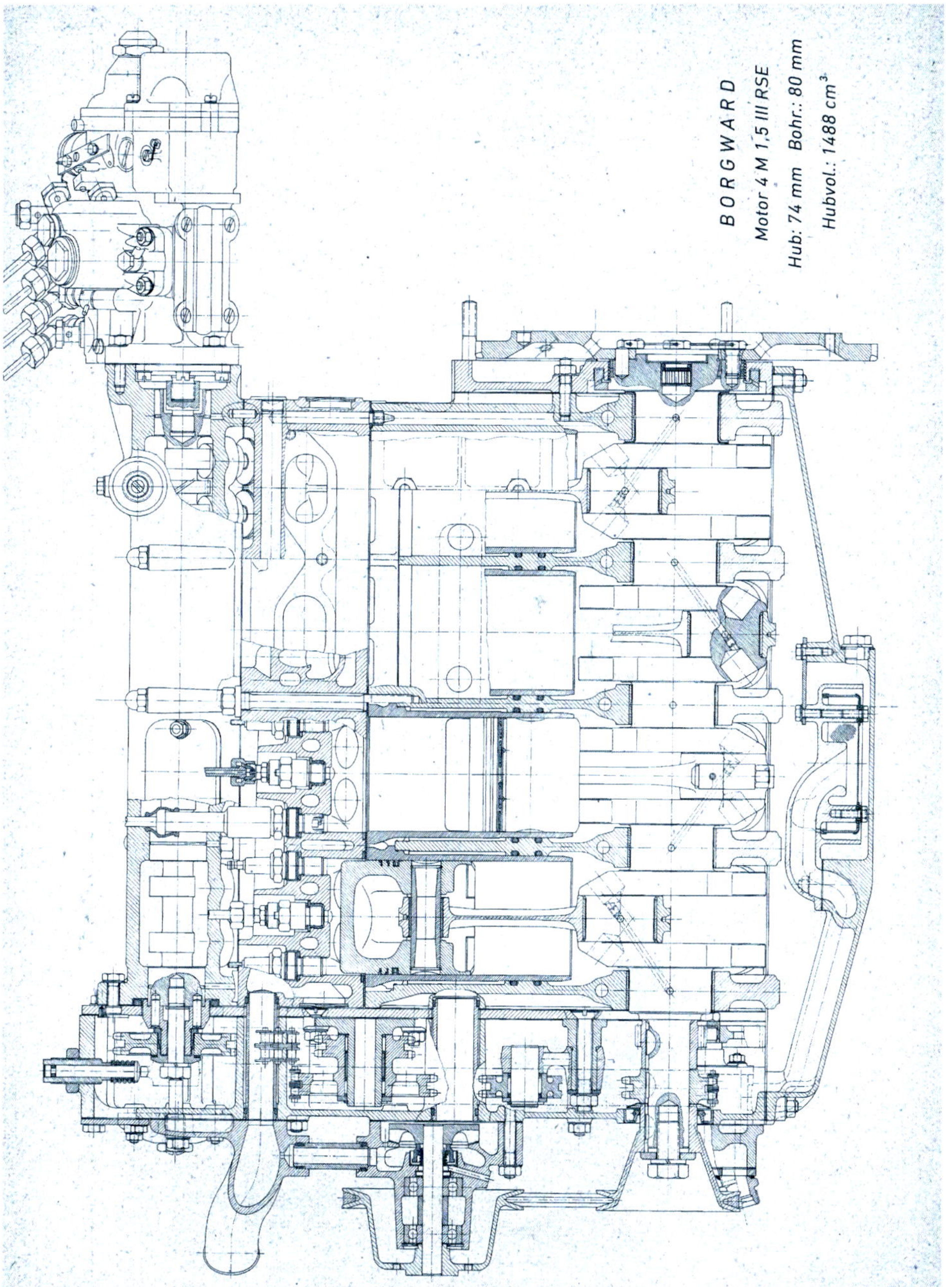

BORGWARD
Motor 4 M 1,5 III RSE
Hub: 74 mm Bohr.: 80 mm
Hubvol.: 1488 cm³

Name	Willy Köhler
Geb.-gest.	1920-1988
Ausbildung	Schlosserlehre bei Borgward
Borgward	ab 1934
als	Industriemeister
Aufgabe	Motorenfertigung im Musterbau (u. a. die RS-Motoren)
Nach 1961	Hanomag, Daimler-Benz

= 18,4 m/s, 4 M 1,5 II RSE (Isabella) = 16,9 m/s und 4 M 1,5 III RSE = 14,8 m/s. Der neue Motor erlaubte sogar mittlere Kolbengeschwindigkeiten bis zu 25 m/s. Damit war ein Triebwerk geschaffen, das ein hohes Leistungspotenzial aufwies und bis Mitte der 60er-Jahre im Renngeschehen hätte bestehen können.

Ende 1955 fertigte der Meister im Musterbau Willy Köhler die Versuchsmotoren, die ab Mai 1956 auf den Prüfständen getestet wurden. Die Leistung betrug 134 PS. Die Prüfstand- und Fahrversuche zogen sich bis Mitte Juli 1956 hin. Dann nahmen der Stuttgarter Erwin Bauer und der Bremer Helmut Schulze am Solitude-Rennen (22. Juli) teil. Dort zeigte es sich, dass weder Motoren noch Fahrwerke ausgereift waren. Büchner verordnete eine weitere rennfreie Saison, um die Fehler auszumerzen.

Seit Anfang 1954 war bei Rennen handelsüblicher Super-Kraftstoff vorgeschrieben. Dieser war nicht so klopffest wie die bisher verwendeten Rennbenzine. So geriet der Motor ab einer Verdichtung von 10,6 : 1 ins Klopfen, was zu einer Zerstörung der Zylinderkopfdichtung führte. Man begnügte sich vorläufig mit einem Verdichtungsverhältnis vom max. 10,5 : 1 und somit auch geringerer Leistung. Diese konnte 1957 auf 145 PS und 1958 auf 150 PS gesteigert werden.

Es gab auch Schmierprobleme, die Brandt durch die Umstellung von Nass- auf Trockensumpf-Schmierung beseitigte.

Ein RS-Motor im Montagebock der Rennabteilung. Das Foto zeigt vermutlich eine 1958er-Maschine. Die Kurbelgehäuseentlüftung (rechts im Bild das schwarze senkrechte Rohr) stammt nicht mehr aus der Hansa 2400- und Isabella-Serie, sondern war ein für den RS geschaffenes Bauteil.

Die Karosserie der III. Generation

Weshalb 1955/56 eine neue Karosserieform entwickelt wurde, ist nicht bekannt. Möglicherweise benötigte man einen größeren Tank oder das neue RS-Aggregat passte nicht unter die alte Motorhaube. Vielleicht bemerkte man erst jetzt die schlechte aerodynamische Qualität der II. Generation und wollte sie grundlegend verbessern.

Aus der Karosserie-Entwicklung hatten sich die beiden Konstruktionsbüros für Pkw und Lkw erneut herausgehalten. Das Hubschrauber-Konstruktionsbüro unter der Leitung von Prof. Dr.-Ing. Focke opferte für Automobil-Aufgaben sicherlich keine Kapazitäten. Er gab erst 1958 Tipps zur Verbesserung der Windschnittigkeit. Zeitzeugen betonten, dass die alte Goliath-Mannschaft (Inka) im Borgward-Rennwagenbau keine Rolle mehr spielte. Vermutlich konstruierten die Ingenieure Fritz Henschel und Ewald Ziggel aus der Übelacker-Abteilung „Sonderentwicklung" die Karosserie.

Der Musterbau fertigte den Aufbau in Handarbeit aus Aluminium-Blechen. Ende 1955, Anfang 1956 war der erste Wagen fertig. Man transportierte ihn nach Stuttgart in das Forschungsinstitut für Kraftfahrwesen und Fahrzeugmotoren (FKFS). Dort überprüften die Techniker Ende Januar den Luftwiderstand im großen Windkanal. Der Kanal in Göttinger Bauart (Luftstrom zirkuliert) besaß einen Düsenquerschnitt von 32 m^2, sodass Fahrzeuge tatsächlicher Größe vermessen werden konnten.

Der RS im FKFS-Windkanal. Im Hintergrund ein kammsches Versuchsfahrzeug.

Die erste Karosserie der III. Generation versah man mit einigen aerodynamischen Hilfen, die sich im Versuch als unnütz herausstellten.

Von dem aerodynamischen Zubehör ist nicht viel übrig geblieben. Schlicht steht der 1956er-RS da.
Unten: Der Elektron-Wagen noch ohne die von Henrich Focke vorgeschlagenen aerodynamischen Verbesserungen.

Für den schnittig aussehenden Wagen ermittelte man einen Luftwiderstandsbeiwert (c_w) von 0,466. Ein beschämend schlechtes Ergebnis. Selbst ein Alltagsfahrzeug wie die Isabella besaß einen besseren c_w-Wert (0,448) hatte. Wenig Trost bot der Wert des Rennsportwagens der II. Generation, den man zum Vergleich ebenfalls vermaß. Er lag mit 0,551 über dem eines VW Käfers. Hier hatten die Techniker Motorleistung vergeudet.

Seit den 70er-Jahren liegen die Rennwagen-c_w-Werte wieder höher. Durch die gravierend angewachsenen Höchstgeschwindigkeiten, durch den extremen Leichtbau und die Verwendung von leistungsstärkeren Heckmotoren ist das primäre Ziel, die Kraft auf die Fahrbahn zu übertragen. Das geschieht durch Spoiler, die aber den c_w-Wert negativ beeinflussen.

Die an der Borgward-Karosserie sichtbaren aerodynamischen Hilfen wie beispielsweise der Kopfablauf brachten nichts. Was wirkte, waren die Abdeckung des „Kühlermauls", die hintere und eine provisorisch befestigte vordere Radverkleidung. So bekam man den c_w-Wert klein (0,395). Die vordere Radabdeckung konnte wegen des Lenkeinschlags in der Praxis nicht verwendet werden.

Die folgenden Karosserien entbehrten daher auch diesen Zierrat.

Der Elektron-Wagen (60 012) mit Rucksack und neuer Motorhaube. Unten: 58er-RS mit Rucksack in der Steilkurve der Avus.

Für die Rennsaison 1957/58 entstanden drei Fahrzeuge (60 007-60 009), für das Jahr 1958 drei weitere Wagen (60 010-60 012). Die Nr. 60 012 versah der Musterbau mit einer Karosserie aus Elektron, einer Legierung aus 90 % Magnesium und 10 % Aluminium. Das sparte eine Masse von annähernd 25 kg.

Bei Bergrennen, an denen Borgward zu der Zeit häufig teilnahm, spielte der Luftwiderstand nur eine untergeordnete Rolle, da die Geschwindigkeiten auf den kurvenreichen Strecken nicht besonders hoch waren. Anders sah das auf dem Nürburgring in der Eifel und der Avus in Berlin aus. Doch auch hier mussten die Fahrer auf besser durchkonstruierte Karosserien verzichten. Erst die Hilfe des „Flugzeug-Professors" Henrich Focke, der für Borgward Hubschrauber entwickelte, führten im Sommer 1958 zu schnelleren Fahrzeugen. Focke verordnete den drei 58er-Wagen für die Hochgeschwindigkeitsrennen einen Blechaufsatz für das Heck. Dieser Aufsatz, Rucksack genannt, bildete das kammsche Abreißheck. Eine nach hinten durchgezogene Scheibe legte die Luft an den Rucksack an. Der Elektron-Wagen bekam zusätzlich eine neue Motorhaube mit verkleideten Scheinwerfern. Diese Maßnahmen verringerten den Luftwiderstand erheblich.

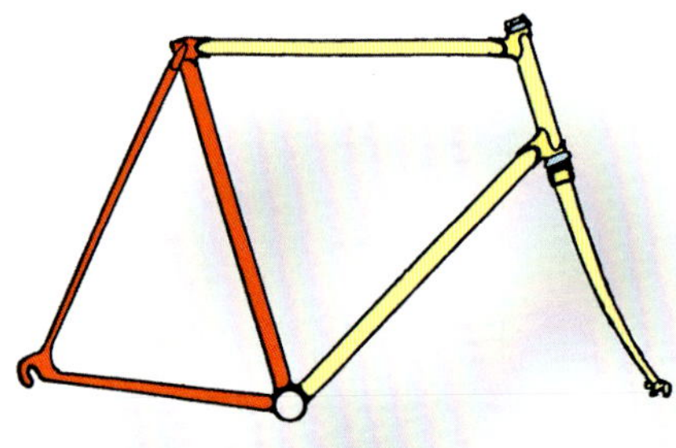

Fachwerk eines Krans (oben), eines Fahrradrahmens und des Borgward-RS (unten).

III. RS-Generation mit Gitterrohrrahmen

Der Anfang der 50er-Jahre entwickelte Rohrrahmen hatte einen gravierenden Nachteil. Durch seine Ausdehnung lediglich in Länge und Breite fehlte die Festigkeit. Bei Beanspruchung durch Bodenwellen und in Kurven bog er sich durch. Das führte zu instabilen Fahrzuständen und zu Unfällen. Die Straßenlage kam nicht an die des Porsche 550 Modell 1956 heran. Der 56er-Porsche besaß einen Gitterrohrrahmen[1], der verwindungssteif war und nur 43 kg auf die Waage brachte.

Ein Gitterrohrrahmen ist ein Fachwerk. Bei richtiger Auslegung besteht er aus lauter Dreiecken, wie man es von Kränen und Fahrrädern her kennt. Es treten dann in den Streben so gut wie nur noch Zug- und Druckkräfte auf. Da Materialien bei Zug und Druck erheblich mehr Kräfte aufnehmen als bei Biegung (mit der Gefahr der Knickung), können Fachwerke bei gleichen Lasten wesentlich filigraner ausfallen. Das spart enorm Gewicht.

Diese Erkenntnis bewog Versuchsleiter Büchner, einen solchen Rahmen für den RS zu entwickeln. Durch die Passungen und die Schweißungen an den Rohrenden sowie die Vielzahl der Rohre ist die Fertigung sehr aufwendig.

1 Gitterrohrrahmen werden häufig auch als Gitterrahmen und geodätischer Rahmen bezeichnet.

Bevor alle Wettbewerbsfahrzeuge auf den Gitterrohrrahmen umgestellt werden sollten, ließ Büchner Anfang 1957 Tests auf dem Nürburgring fahren. Tatsächlich stellten die Fahrer eine bessere Straßenlage gegenüber den herkömmlichen RS fest. Beim Training zum einzigen Rennen (Spa-Francorchamps, 12. Mai 1957) schleuderte der Wagen bei zwei Fahrten mit verschiedenen Fahrern. Im Rennen schied Fahrer Helmut Schulze aus, weil er wegen Aquaplanings eine Steinbegrenzung rammte. Bei späteren Versuchsfahrten auf dem Nürburgring verunglückte das Fahrzeug und war ein Totalschaden.

Weitere Gitterrohrrahmen wurden aus Kostengründen nicht mehr gefertigt. Die drei Rennsportwagen der 58er-Saison erhielten einen Hilfsrahmen, der auf den bisherigen zweidimensionalen Rohrrahmen aufgesetzt wurde. Das gab immerhin ein Plus an Stabilität.

Der Gitterrohrrahmen-RS unterschied sich karosseriemäßig durch eine große Motorhaube, in die die übliche kleine RS-Motorhaube integriert war. Die große Haube öffnete sich einschließlich der jeweils drei seitlichen Lüftungslöcher über den Auspuffendrohren. Dieser Wagen ist durch die Haubenverschlüsse an den Löchern gut zu erkennen.

Cooper T51 · 1959

Die Cooper-„Werke" in London-Surbiton waren bis 1958 in einer Tankstelle untergebracht. Hier entstanden die Rennwagen, die von Jack Brabham, Stirling Moss und anderen Größen gefahren wurden. Die Leistungsfähigkeit der leichten Wagen (unter 400 kg) hatte Stirling Moss bereits im Januar 1958 bewiesen. Beim Grand Prix von Argentinien konnte er mit einem 2-l-Climax-Motor und nur 170 PS die Ferrari und Maserati abhängen. Zur Überraschung der italienischen Konkurrenten, die mit 110 PS mehr ausgestattet waren, kam Moss ohne Reifenwechsel durch. So gewann zum ersten Mal ein Wagen mit Mittelmotor einen Weltmeisterschaftslauf.
1959 zog der Cooper-Betrieb mit seinen 20 Mitarbeitern in ein benachbartes Gebäude um und man konnte zwei Rennfahrzeuge pro Woche herstellen.

Rob Walker, Spross der schottischen Whisky-Dynastie Johnnie Walker, kaufte für sein Racing Team von Cooper einen T51-Rennwagen, der in der Borgward-Versuchsabteilung mit dem 4 M 1,5 III RSE-Motor ausgerüstet wurde.

Zwei weitere T51-Cooper erwarb das British Racing Partnership Team (BRP). Fritz Jüttner, der Borgward-RS-Fahrer und -Mechaniker, baute die RS-Motoren direkt bei Cooper in Surbiton ein.

Der Cooper T51-Wagen besaß einen Gitterrohrrahmen aus recht stabilen, teilweise gebogenen Rohren, sodass neben den erwünschten

Fritz Jüttner am Steuer des Cooper T51 bei Probefahrten auf der Bremer Autobahn.

Druck- und Zugkräften auch Biegemomente auftauchten. Statt der bis dato üblichen Trommelbremsen, verwendete Cooper Scheibenbremsen, die den hohen Beanspruchungen besser standhielten und geringeres Fading (nachlassende Bremswirkung aufgrund von Überhitzung) aufwiesen. Dreieckförmige Doppel-Querlenker mit Schraubenfeder und Drehstabstabilisator führten die Vorderräder. An der Hinterachse arbeiteten unten ebenfalls dreieckförmige Querlenker, oben eine querliegende Blattfeder.

Der Borgward-Motor leistete im Cooper 1959 annähernd 160 PS und war damit dem häufig in der Formel II verwendeten Coventry Climax-Motor (148 PS) überlegen. Mit der Borgward-Maschine ergab sich ein Leistungsgewicht von 2,35 kg/PS. (zum Vergleich: 1958er-RS 4,2 kg/PS).

Die erfolgreiche deutsch-britische Zusammenarbeit wurde nach 1959 nicht fortgeführt.

Vorn und hinten besaß der T51 Pendelachsen, vorn mit dreieckförmigen Doppel-Querlenkern und hinten mit unteren Querlenkern und oben querliegender Halbelliptik-Blattfeder.

Verbleib der Fahrzeuge

Das Schicksal des Inkas und der 13 gebauten Rennsportwagen ist größtenteils unbekannt. Nur wenige Dokumente haben den Archiv-Kehraus Anfang der 60er-Jahre überdauert.

Ein wichtiges Dokument ist das Protokoll, das Kundendienstleiter Wolff über die Begehung eines Schuppens am 1. November 1961 im Allerhafen anfertigte. Darin schrieb er: *„Auf einem sehr schwer zugänglichen Gerüst befinden sich die Rennwagen. Davon sind zwei mit Motoren und drei ohne Motoren ausgerüstet. Die Wagen sind aus den Baujahren 1950-1958 und teilweise demontiert. Diese Fahrzeuge sind sehr stark beschädigt. ...man (kann) nur noch von Verwertungsfahrzeugen sprechen."*

Oben: Inka Rekordwagen 1955 auf Firmenschrottplatz.
Mitte: Inka-Ruine im Werk. Bei der im Hintergrund stehenden Isabella ist der Schriftzug „Borgward" vorne am Kotflügel. Das gab es erst ab Juli 1957.
Unten: Trainingsschaden an HHHs RS beim GP von D 1952.

Ein Schreiben aus der Konkurszeit des Finanzdirektors Otto Carstens an Herrn Freude[1] bringt mehr Verwirrung als Aufklärung. Darin heißt es: *„Die Rennwagen werden nun doch mit „CAP FRIO" verladen."* Da Freude Argentinier ist, stellt sich die Frage, ob tatsächlich Rennwagen nach Südamerika verschifft worden sind.

Brudes Unfallwagen der Carrera Panamericana 1953 in der Versuchsabteilung. Verschrottet oder gerettet?

Letzter Einsatz Eifelrennen am 23.5.1954. HHHs Wagen ausgemustert auf dem Firmenschrottplatz 1955.

1 Vermutlich ist Rodolfo Freude (1920-2003) gemeint, der unter dem argentinischen Präsidenten Juan Perón Geheimdienstchef war. Carstens war mit der Familie befreundet. Er und vorher sein Vater Ludovico leiteten u. a. als Geschäftsführer die Borgward-Unternehmen in Argentinien.

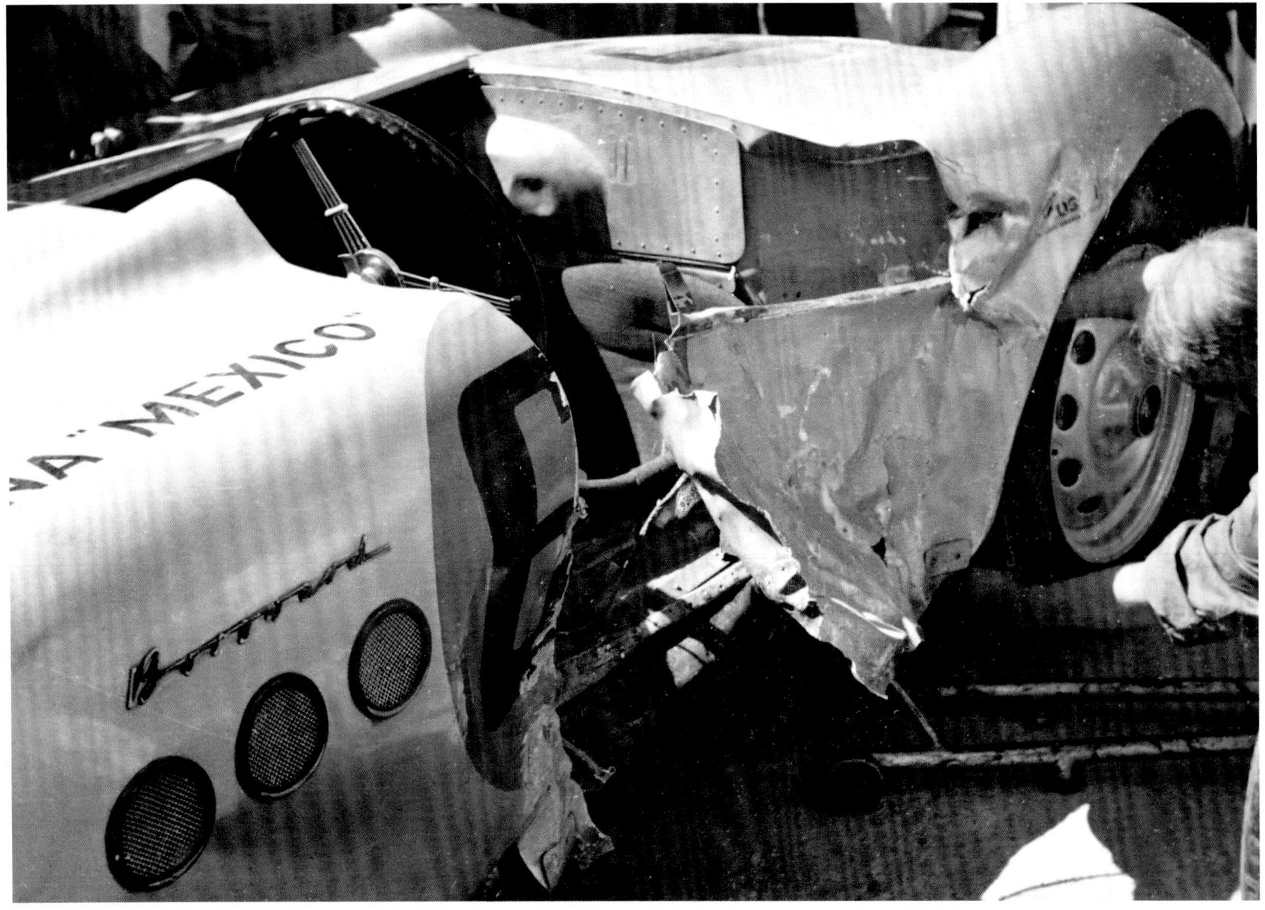

Bechems Wagen nach dem Unfall bei der Carrera Panamericana 1954. Totalschaden und Verschrottung oder Auferstehung im Fischmaul-RS?

Juli 1957: Unfall von Helmut Schulze beim Schauinsland-Training. Rahmen verzogen, Totalschaden, verschrottet oder instandgesetzt?

Folgende Tatsachen sind bekannt:

- Drei Fahrzeuge (Nr. 60.011, Elektron-Wagen 60.012 und Ex-Jüttner-Wagen 60.013) aus der Rennsaison 1958 befinden sich restauriert in der Hand deutscher Sammler.
- Bei der Übernahme der Borgward-Pkw-Produktionsanlagen in den Jahren 1962/63 erhielten die Mexikaner den „Fischmaul"-Wagen von 1955 (siehe S. 94f). Der weitere Verbleib ist unbekannt.

Die wenigen Fakten geben keinen Hinweis, wieviele Fahrzeuge überlebten. Gehörten zu den fünf Rennwagen im Speicher auch die drei existierenden 58er-RS? Landeten die Speicher-Fahrzeuge in der Presse? Exportierte man tatsächlich Rennwagen nach Argentinien? Mangels verlässlicher, schriftlicher Unterlagen werden sich die Fragen wohl nicht mehr beantworten lassen.

Da die RS-Wagen einen Marktwert von jeweils annähernd 1 Mio. Euro haben, war abzusehen, das es zu Nachbauten kam. In den Niederlanden entstanden drei Fahrzeuge des Modells 1958. Nachdem ein Eigentümer gestorben war, vagabundierte der Wagen über die Messen, Händler und Versteigerungen. Heute kann man das Fahrzeug im PS-Speicher in Einbeck bewundern.

Einen vierten Nachbau, Elektron-Modell, gab der ehemalige Lloyd-Rallyefahrer und spätere BMW-Händler Herbert Freese in Auftrag. Bei allen Nachbauten kamen Original-Baugruppen wie Achsen und Motoren zum Einsatz.

Diese drei Rennsportwagen aus dem Jahr 1958 befinden sich in den Sammlungen deutscher Oldtimer-Liebhaber: Fahrgestellnummer 60.011 (oben), 60.013 (Mitte, dieses Fahrzeug kaufte Fritz Jüttner aus der Konkursmasse) und der Elektron-Wagen 60.012. Fotos Bremen Classic Motorshow 2006.

Die Rennen

Datum	Rennen	Rennstrecke	St-Nr	Fahrer	Platz	Sieger/Gesamtsieger
1952						
25.5.52	Eifelrennen	D-Nürburgring	37	Hartmann	Ausfall	Glöckler (Porsche)
3.8.52	GP von D, Sportwagen	D-Nürburgring	54	Hartmann	2.	Pietsch (Veritas)
31.8.52	Grenzlandring-Rennen	D-Wegberg	31	Brudes	Ausfall	
			32	**Hartmann**	**1.**	
28.9.52	Avus-Rennen	D-Berlin	21	**Hartmann**	**1.**	
			22	Brudes	3.	
1953						
31.5.53	Eifelrennen	D-Nürburgring	141	Hartmann	3.	Glöckler (Porsche)
			142	Brudes	2.	
13.6.53	24 Stunden von Le Mans (Hansa 1500 Sportcoupé)	Frankreich	41	Poch/Mouche	Ausfall	Ges. Rolt/Hamilton (Jaguar) Kl. von Frankenberg/Frère (Porsche)
			42	Hartmann/Brudes	Ausfall	
12.7.53	Avus-Rennen	D-Berlin	137	**Klenk**	**1.**	
			138	Brudes	ng.	
2.8.53	GP von D, Sportwagen	D-Nürburgring	137	Bechem	2.	Herrmann (Porsche)
			138	Helfrich	3.	
9.8.53	Bergrennen Schauinsland	D-Freiburg	137	Brudes	5.	Herrmann (Porsche)
			138	Bechem	2.	
30.8.53	1000 km-Rennen	D-Nürburgring	37	**Brudes**/Hammernick **Bechem/Helfrich**	**1. Kl.** 3. Gk.	Ges. Ascari/Farina (Ferrari)
			38	Bechem/Helfrich	Ausfall	
19.-23. 11.53	Carrera Panamericana	Mexiko	155	Hartmann	Disqual.	Ges. Fangio (Lancia) Kl. Herrarte (Porsche)
			156	Brudes	Unfall	
1954						
24.1.54	1000 km Buenos Aires	Argentinien	60	Hartmann/Brudes	Ausfall	Ges. Farina/Maglioli (Ferrari) Kl. Juhan/Asturias (Porsche)
7.3.54	Eisrennen Bollnäs	Schweden	60	Hartmann	1.	
23.5.54	Eifelrennen	D-Nürburgring	50	Hartmann	2.	
			51	Brudes	8.	
			52	Bechem	1.	
1.8.54	GP von D, Sportwagen	D-Nürburgring	56	Bechem	5.	Herrmann (Porsche)
			58	Hartmann	Unfall	
22.8.54	Preis von Bremgarten	Schweiz-Bern	68	Hammernick	2.	Heuberger (Porsche)
19.9.54	Avus-Rennen	D-Berlin	34	Bechem	3.	von Frankenberg (Porsche)
			35	Brudes	6.	
19.-23. 11.54	Carrera Panamericana	Mexiko	60	Bechem	Unfall	Ges.Maglioli (Ferrari) Kl. Herrmann (Porsche)
			61	Hammernick	Unfall	
1956						
22.7.56	Solitude-Rennen	D-Stuttgart	6	Bauer	Ausfall	Herrmann (Porsche)
			7	Schulze	6.	
Abkürzungen: Kl. = Klasse, Gk. = Gesamtklassement, Ges. = Gesamtsieger, ng. = nicht gestartet						

Datum	Rennen	Rennstrecke	St-Nr	Fahrer	Platz	Sieger/Gesamtsieger
1957						
12.5.57	Sportwagen-Rennen Spa	Belgien	21	Schulze	Unfall	Ges. Brooks (Aston Martin)
28.7.57	Bergrennen Schauinsland	D-Freiburg	59	Schulze	ng.	Barth (Porsche)
			60	Herrmann	3.	
15.8.57	Bergrennen Gaisberg	Österreich-Salzburg	18	Herrmann	1. Kl. 2. Gk.	Daetwyler (Maserati)
			19	Cabianca	2. Kl.	
25.8.57	Bergrennen Lenzerheide	Schweiz	136	Herrmann	1. Kl. 4. Gk.	
			137	Cabianca	2. Kl.	
1.9.57	Bergrennen Aosta-San Bernardo	Italien	118	Cabianca	5.	Daetwyler (Maserati)
			120	Herrmann	3.	
29.9.57	Bergrennen Mont Parnès	Griechenland-Athen	2	Herrmann	2.	von Trips (Porsche)
			3	Jüttner	5.	
1958						
4.5.58	Bergrennen Mont Parnès	Griechenland-Athen	4	Herrmann	2.	von Trips (Porsche)
			5	Cabianca	3.	
15.5.58	Int. Flugplatzrennen Aspern	Österreich-Wien	20	**Herrmann**	**1.**	
			21	Jüttner	Ausfall	
1.6.58	1000 km-Rennen	D-Nürburgring	23	Herrmann/Bonnier	Ausfall	Ges. Moss/Brabham (Aston Martin) Kl. von Frankenberg/de Beaufort/Barth (Porsche)
			24	Schulze/Jüttner	Ausfall	
			34	Cabianca/Mahle	Ausfall	
29.6.58	Bergrennen Mont Ventoux	Frankreich	31	Herrmann	4.	Behra (Porsche)
			32	Cabianca	5.	
13.7.58	Bergrennen Monte Bondone	Italien-Trient	338	Herrmann	2.	von Trips (Porsche)
			344	Bonnier	3.	
			348	Cabianca	5.	
27.7.58	Bergrennen Schauinsland	D-Freiburg	14	Herrmann	3.	
			15	**Bonnier**	**1.**	
			16	Cabianca	4.	
3.8.58	GP von D, Sportwagen	D-Nürburgring	34	Herrmann	4.	Behra (Porsche)
			35	Bonnier	2.	
			36	Jüttner	6.	
15.8.58	Bergrennen Gaisberg	Österreich-Salzburg	109	Herrmann	3.	von Trips (Porsche)
			110	Bonnier	2.	
			111	Cabianca	7.	
31.8.58	Bergrennen Ollon-Villars	Schweiz	124	Bonnier	4.	Barth (Porsche)
			127	Trintignant	15.	
			128	Herrmann	8.	
21.9.58	Avus-Rennen	D-Berlin	31	Bonnier	2.	Behra (Porsche)
			32	Mahle	4.	
			33	Jüttner	5.	

Abkürzungen: Kl. = Klasse, Gk. = Gesamtklassement, Ges. = Gesamtsieger, ng. = nicht gestartet

Fahrzeug- und Motoren-Übersicht

Quartal	Fahrzeug		Motor	
1950		Inka-Rekordwagen		4M1,5 Sport
II/1951			4M1,5(0) RS	
III/1951	IAA: I. Generation			
IV/1951				
I/1952				
II/1952	I. Generation Langheck Vermutliche Fahrgestellnr.: 60 001, 60002		4M1,5 (I) RS Basis: Hansa 1500-Motor	
III/1952				
IV/1952				
I/1953				
II/1953				
III/1953		II. Generation Kurzheck Vermutliche Fahrgestellnr.: 60003, 60004, 60005, 60006		
IV/1953				
I/1954				
II/1954				
III/1954				4M1,5 II RSE Basis: Isabella-Motor
IV/1954				
I/1955				
II/1955				
III/1955				
IV/1955		Fischmaul 60005+06?		
I/1956				
II/1956				
III/1956	III. Generation 56er-Karosserie Vermutliche Fahrgestellnr.: 60007, 60008, 60009, 60010, 60011, 600.13 Elektron-Wagen 60012			4M1,5III RSE Basis: Neukonstruktion
IV/1956				
I/1957				
II/1957				
III/1957				
IV/1957				
I/1958				
II/1958				
III/1958				
IV/1958				
1959		Cooper T51		

Die Zeiträume beziehen sich auf den ersten und den letzten Renneinsatz des Fahrzeugs bzw. des Motors.

Technische Daten der Rennsportwagen · I

Bezeichnung	Inka	I. Generation (Langheck)
Bauzeit	1949-1950	1951-1952
1. Einsatz	Rekordfahrt Montlhéry 8/1950	Eifelrennen D, 25. Mai 1952
Letzter Einsatz	Rekordfahrt Montlhéry 8/1950	Avus D, 12. Juli 1953
Änderungen am Rahmen	Kein Vorgänger	Rechteck mit vorn und hinten angesetzten Trapezen
Radstand	2600 mm	2400 mm
Spurweite VA	1250 mm	1250 mm
Spurweite HA	1300 mm	1300 mm
Radaufhängung VA	Pendelachse mit oberen Querlenkern, Querblattfeder	Pendelachse, dreieckförmige Doppel-Querlenker
Radaufhängung HA	Pendelachse mit Schräglenkern, Querblattfeder	De-Dion-Achse mit Längs- und Schräglenker
Heckform	Langheck	Langheck
Motorhaube		mit langer Lufthutze wg. Überstand der Vergaser
Getriebe		
Besonderheiten	Fahrgestell des Hansa 1500	Ein Fahrzeug mit ca. 2000 Löchern (Durchmesser 10 mm) zur Gewichtsreduzierung (Reduzierung ca. 2,5 kg) im Rahmen
Eingesetzte Motoren	4 M 1,5 Sp	4 M 1,5 I RS
Leermasse | Gewicht	846 kg | 8300 N	660 kg (unsicher) | 6475 N
Leistung	73 PS	100 PS 4-Ventiler (80 PS)
Höchstgeschwindigkeit	196 km/h	226 km/h unbestätigt (207 km/h)

Technische Daten der Rennsportwagen · II

Bezeichnung	II. Generation (Kurzheck)	III. Generation (56er-Karosserie)
Bauzeit	1953-1954	1956-1958
1. Einsatz	Avus D, 12. Juli 1953	Solitude D, 22. Juli 1956
Letzter Einsatz	Carrera MEX, 19. Nov. 1954	Avus D, 21. Sept. 1958
Änderungen am Rahmen	Rahmen verändert wg. Radstandsänderung	Rahmen verändert wg. Radstandsänderung
Radstand	2250 mm	2200 mm
Spurweite VA	1250 mm	1335 mm
Spurweite HA	1300 mm	1300 mm
Radaufhängung VA	Pendelachse, dreieckförmige Doppel-Querlenker	Pendelachse, dreieckförmige Doppel-Querlenker, Lenkungsdämpfer und Stabilisator
Radaufhängung HA	De-Dion-Achse mit Längs- und Schräglenker	De-Dion-Achse mit Längs- und Schräglenker, ab 1957 Lenkungsdämpfer und Stabilisator
Heckform	Kurzheck	
Motorhaube	flache Beule wg. Überstand der Vergaser	
Getriebe	5-Gang	5-Gang
Besonderheiten	2-Kreis-Bremsanlage, hintere Radabdeckung entfällt, ohne seitliche Entlüftung, mit Rechteckschacht, ab 1954 je 3 Lüftungslöcher an den Seiten	Vorderachse Modell Isabella mit Gemmer-Lenkung, Sperrdifferenzial, montierbarer Rucksack, Elektron-RS mit Elektron-Karosserie
Eingesetzte Motoren	4 M 1,5 I RS + 4 M 1,5 II RSE	4 M 1,5 III RSE
Leermasse | Gewicht	620 kg-660 kg | 6082 N-6475 N	630 kg (unsicher) | 6180 N
Leistung	110 PS-115 PS | 81 kW-85 kW	134-150 PS | 99 kW-110 kW
Höchstgeschwindigkeit	218 km/h-223 km/h	235 km/h

Bezeichnung	Sondermodell „Fischmaul"	Cooper T51
Bauzeit	1956	1959
1. Einsatz		Goodwood GB, 30. März 1959
Letzter Einsatz		GP Südafrika ZA, 1.1.1960
Änderungen am Rahmen		Gitterrohrrahmen
Radstand	2200 mm	2311 mm
Spurweite VA	1335 mm	1181 mm
Spurweite HA	1300 mm	1219 mm
Radaufhängung VA	Pendelachse, dreieckförmige Doppel-Querlenker	Pendelachse, dreieckförmige Doppel-Querlenker
Radaufhängung HA	De-Dion-Achse mit Längs- und Schräglenker, Lenkungsdämpfer und Stabilisator	Pendelachse, obenliegende Querblattfeder, dreieckförmiger Querlenker unten
Heckform	Kurzheck	Form: Monoposto
Motorhaube	Verlängert	
Getriebe	5-Gang	5-Gang
Besonderheiten		Mittelmotor, Scheibenbremsen, British Racing Partnership kaufte zwei, Rob Walker Team kaufte einen Cooper T51
Eingesetzte Motoren	4 M 1,5 III RSE	4 M 1,5 III RSE
Leermasse | Gewicht	620 kg (unsicher) | 6082 N	375 kg | 4611 N
Leistung	145 PS	160 PS
Höchstgeschwindigkeit	255 km/h	ca. 270 km/h

Technische Daten der Rennsportmotoren

Motor-Typ	4M 1,5 Sport (Inka)	4M 1,5 (0) RS	4M 1,5 (I) RS
Bauzeit von	1950	1950	1952
bis	1950	1951	teilweise 1954
Erster Einsatz	Rekordfahrt Montlhéry Aug. 50	Gezeigt auf IAA April 1951	GP von Deutschland 3.8.1952
Letzter Einsatz	Rekordfahrt Montlhéry Aug. 50	eventuell Eifelrennen 25.5.52	GP von Deutschland 1.8.1954
Zylinderzahl	4	4	4
Bohrung	72 mm	72 mm	72 mm
Hub	92 mm	92 mm	92 mm
Verhältnis Hub/Ø	1,28	1,28	1,28
Hubraum	1498 cm³	1498 cm³	1498 cm³
Leistung (PS|kW) bei Umdrehungen	Angegeben 66 PS|49 kW | 4400/ tatsächlich 73 PS|54 kW	100 PS|74 kW | 6600/min	1952: 80 PS|59 kW 1953: 110 PS|81 kW|6000/min
Verdichtung	7,2:1	unbekannt	8,5 bis 8,82:1
Brennraum	zylindrisch/Querstrom	vermutl. dachförmig/Querstrom	Kalotte/Querstrom
Kraftstoffzufuhr	2 Solex-Fallstrom 32 PBI	unbekannt	2 Solex-Fallstrom 40 PBIC
Ventile	hängend	hängend, 4 St/Zylinder	hängend
Ventilantrieb	Stoßstangen und Kipphebel	2 × obenliegende Nockenwellen	Stoßstangen und Kipphebel
Nockenwelle	seitlich, Antrieb durch Stirnräder	Antrieb durch zwei Ketten	seitlich, Antrieb durch Stirnräder
Zündung	einfach	einfach	einfach
Schmierung	Druckumlauf	Druckumlauf	Druckumlauf
Basiert auf Motor	4M 1,5 (Hansa 1500)	4M 1,5 (Hansa 1500)	4M 1,5 (Hansa 1500)
Verwendung in	Inka-Rekordwagen	RS I. Generation	RS I. und II. Generation
Bemerkung		Teilbare Kurbelwelle mit Hirth-Verzahnung und Wälzlagern	

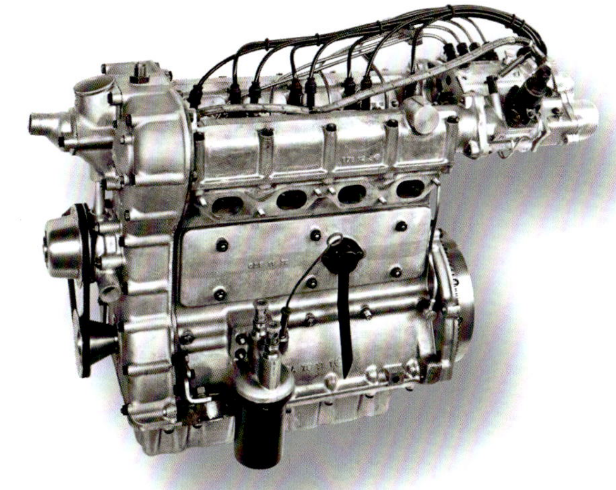

Typ	4 M 1,5 II RSE	4 M 1,5 III RSE
Bauzeit von	1954	1956
bis	1954	1959
Erster Einsatz	GP von Deutschland 1.8.1954	Testfahrten im Februar 1956
Letzter Einsatz	1955 Testfahrten mit RS „Fischmaul" 4.0 Gen.	im Cooper Formel-II-Wagen 1959
Zylinderzahl	4	4
Bohrung	75 mm	80 mm
Hub	84,5 mm	74 mm
Verhältnis Hub/Ø	1,13	0,93
Hubraum	1493 cm^3	1488 cm^3
Leistung bei Umdrehungen	110 PS-115 PS|83 kW-85 kW | 6000/min	134 PS|99 kW | 7300/min 145 PS (1957), 150 PS (1958)
Verdichtung	10:1	10,5:1
Brennraum	vermutlich dachförmig/Querstrom	dachförmig/Querstrom
Kraftstoffzufuhr	Direkteinspritzung	Direkteinspritzung
Ventile	hängend	hängend, 4 St/Zylinder
Ventilantrieb	Stoßstangen und Kipphebel	2 obenliegende Nockenwellen (dohc)
Nockenwelle	seitlich, Antrieb durch Stirnräder	Antrieb durch 2 Duplexketten
Zündung	einfach	doppelt
Schmierung	Druckumlauf	Druckumlauf, später Trockensumpf
Basiert auf Motor	4 M 1,5 II (Isabella)	Neukonstruktion
Verwendung in	RS II. Generation	RS III. Generation
Bemerkung		Weiterentwicklung für Cooper 153 PS-157 PS |113 kW-115 kW

Quellen

Zeitschriften, Magazine

Keith Adams: Ahead of the curve, in Octane Jan. 2012, S. 80-86

Adolf Brudes: Bremer Fahrzeuge auf Rekordfahrt in Montlhéry, in Automobil u. Motorrad-Chronik 11/1979, S. 18-19 + 45

Gert Hack: Borgwards erstaunlicher Rennmotor, in Motor Revue 51, S. 44-45 + 95, Stuttgart, 1964

Walter Heil: Silberfisch, in Oldtimer 1/1992, S. 90-93

Dieter Korp: Rennsportwagen aus Bremen, in Motor Revue 28, S. 58-61, Stuttgart, 1958

Peter Kurze: 1989, Borgward Rennsportwagen, in Zeitung für historisches Bremer Kraftfahrwesen 6/1989, S. 316-321

Karl Ludvigsen: Winner on stolen time, in Historic Motor Racing Vol. 1 No. 1: S. 42-53 und My Borgward Years, S. 54-55, 2000

Hans W. Mayer: Der Renner mit dem Rucksack. Die Entwicklungsgeschichte des Borgward RS, in Motor Klassik 11/1985, S. 36-43

Günther Molter: Im Fegefeuer der Carrera, in Der Rhombus 13, Dezember 1954, S. 1-5 , Bremen, Borgward, 1954

Eberhard Reuß: Bremer Geschichten (Die Borgward-Renngeschichte), in Motor Klassik 2/2006, S. 134-137

Bernhard Völker: Die silbernen Renner aus dem Norden, in powerslide 15/2012, S. 54-61

Bernhard Völker: Die silbernen Renner aus dem Norden, in Der Rhombus 2/2014, S. 8-13 und 3/2014, S. 8-14

Bernhard Völker: Borgward-Rennsport 1956, in P. Kurze, Besser fahren, Borgward fahren 1956, S. 83-89, Kurze, Bremen 2018

Bernhard Völker: Borgward- Rennsport 1958, in P. Kurze, Besser fahren, Borgward fahren 1958, S. 86-92, Kurze, Bremen 2014

Bernhard Völker: Das Jahr des Cooper-Borgward, in Der Rhombus 1/2017, S. 29-31

Bernhard Völker: Die Rennsaison 1957, in P. Kurze, Besser fahren, Borgward fahren 1957, S. 84-91, Kurze, Bremen 2016

Mick Walsh: 2003, Borgward RS. Browed in Bremen, in Classic & Sports Car, March 2003, S. 96-101

Walter Wolf/Lars-Eric Larsson: Der letzte. Borgward-Le Mans-Rennsportcoupé, in Markt 7/1988, S. 22-29

Jürgen Zöllter: Der letzte Inka (Borgward RS), in Autofahrer, Heft 3/4-1989, S. 34-47

Interne Berichte

Carl F. W. Borgward GmbH: Versuchsbericht „WR-Dauerfahrversuch auf Autobahn Bremen-Burg", Versuchsauftrag: 21/11" vom 26.7.1950

Jüttner, Fritz: Borgward-Motorsportgeschichte ab 1949, o. O., o. D.

Bücher

Enrico Benzing: Rennmotoren im Examen, Motorbuch, Stuttgart 1970

Robert Bosch GmbH: Kraftfahrtechnisches Taschenbuch, VDI-Verlag, Stuttgart 1970

Buschmann/Koeßler: Taschenbuch für den Kraftfahrzeug-Ingenieur, Deutsche Verlags-Anstalt, Stuttgart 1963

Buschmann/Koessler (sic): Handbuch der Kraftfahrzeugtechnik, Wilhelm Heyne Verlag, München 1976

Gebauer/Buck: Die Fahrgestelle der Personenkraftwagen, Belser, Stuttgart 1956

Gustav Goldbeck (Hrg.): BUSSIEN Automobiltechnisches Handbuch, Techn. Verlag H. Cram, Berlin 1965

Helmut Hütten: Schnelle Motoren seziert und frisiert, Schmidt, Braunschweig 1966

Ulf Kaack: Borgward, Geramond München 2012

Ralf J. F. Kieselbach: Stromlinienautos in Deutschland, Kohlhammer, Stuttgart 1982

Peter Kurze: Prototypen und Kleinserien-Fahrzeuge der Borgward-, Goliath- und

Lloyd-Werke, Verlag P. Kurze, Bremen, 2008
Peter Michels: Vom Blitzkarren zum Großen Borgward, Verlag B. Michels, Schmallenberg, 1982
Georg Schmidt: Borgward. Carl F. W. Borgward und seine Autos, Motorbuch Verlag, Stuttgart, 1979
Heinrich Völker: Silberpfeile aus Bremen, Verlag P. Kurze, Bremen, 2004
Wiecking/Gebauer: Die Motoren der Personenkraftwagen, Belser, Stuttgart 1952

Bildquellen

(Seiten, o = oben, M = Mitte,
u = unten, l = links, r = rechts)

Auto Union GmbH: 61l, 66M, 66u, 80u
Gerhard Bahr: 41o, 41u
Archiv Barth/Völker: 11u, 13u, 14o, 18o, 19o, 26, 52, 58
Alfred Brinkmann: 106M
Florian Böhmermann: 120r
Paul Botzenhardt: 35u, 37
Alex Büttner: 21u, 40u, 51o
Bernard Cahier: 19u, 48, 59o
Roland Erdmann: 97
FKFS: 99M
Eva Janssen-Weinberg: 18u
Ulrich Kotte: 87o, 96u
Peter Kurze: 68M, 68lu, 68ru, 69o, 70lo, 70ro, 70Mu, 70lu, 70ur, 71o, 71M, 75u, 80o, 80M, 84o, 84M, 86o, 102o, 109o, 109M, 109u
Archiv Peter Kurze: 38, 40o, 42u, 62o, 64o, 76ol, 88or, 90o, 92lo, 92ro, 98o, 108u
Archives Maurice Louche: 49u, 59u
Bob Lytle (corsaresearch): 23o, 23u, 31o, 31u, 32
Karl Ludvigsen: 9u, 98u
Günther Molter: 25, 29, 30, 33o, 33u. 89u, 90u, 92u, 93
Max Pichler (corsaresearch): 43
Willy Pragher: 39u
Walter Richleske: 5, 10, 12, 13o, 15o, 28, 34u, 46o, 39o, 47l, 47ru, 49o, 50o, 53, 55o, 56o, 60o, 60u, 61r, 62u, 63, 64u, 65o, 65lu, 65ru, 67o, 67u, 69u, 70M, 73, 74, 75o, 76u, 77o, 77u, 78o, 78u, 79o, 79u, 81o, 81M, 81u, 82o, 82u, 83o, 83u, 84u, 85, 86u, 87u, 88u, 89o, 91o, 91u, 94, 95o, 96, 99u, 100o, 100u, 101o, 101u, 102Mu, 102u, 103o, 103u, 104u, 105u, 106o, 106u, 107o, 107u, 108u, 113l, 113r, 114l, 114r, 115l, 115r, 116l, 116M, 116r, 117l, 117r
Peter Rudy: 66o
Georg Schmidt: 6, 7, 24
Eberhard Seifert: 36
Archiv Wolfgang Thierack: 20u
Verband der Automobilindustrie (VDA): 76ro
Bernhard Völker: 51ul, 51ur
Archiv Bernhard Völker: 9o, 11o, 16, 17M, 17u, 20o, 21o, 22l, 22r, 27, 34o, 35o, 44, 46u, 47o, 54u, 56u
Weser-Kurier: 8
Technisches Museum Wien: 42o, 50M, 50u

Wir konnten leider nicht alle Bildrechte klären, Urheber bitte beim Verlag melden.

Autoren, Dank

Bernhard Völker
Mit 12 Jahren beim Großen Preis von Deutschland 1953. Danach zwei Jahre Mercedes-Erfolge, er bewundert J. M. Fangio. 1956-57-58 mit dem Fahrrad aus der Pfalz zum Großen Preis am Nürburgring. Fasziniert vom Rennsport, aber nie aktiv. Besonderes Interesse: Auto Union und Borgward. Gymnasiallehrer (Latein) in Stuttgart. Buch über Hans Herrmann (1998), Co-Autor von „Der Große Preis von Deutschland" (2008).

Peter Kurze, geboren 1955 in Bremen, studierte Maschinenbau und Betriebswirtschaft. Als Autor und Verleger veröffentlichte er zahlreiche Werke zur Geschichte der Bremer Kraftfahrzeugindustrie. Sein umfangreiches Archiv umfasst Dokumente, Fotos und Filme, die diese bewegten Zeiten der Borgward-Gruppe darstellen.

Unser Dank
Wir bedanken uns ganz besonders für ihre Hilfe bei der Erstellung dieses Buchs bei Tony Adriaensens (B), Bernard Cahier †, Michael Fleischer, Ulf Kaack, Karl Ludvigsen, Manuel Miserok, Günther Molter † und Heinrich Völker †.

Der Dank gilt auch Friedhelm Blumberg, Paul Botzenhardt †, M. Costalas, Thomas Feierabend, Ralf Friese (Audi Tradition), Günter Grosser, Harro Hartmann, Eva Janssen-Weinberg †, Ulrich Kotte, Hans Krutzeck, Rainer Simons, Dieter Struckmann, Wolfgang Thierak, Achim Weise sowie den Mitarbeitern des FKFS.